青海省海西州 资源环境承载力和 国土空间开发适宜性评价

杨海镇◎著

中国农业出版社
农村读物出版社
北 京

内容简介

国土空间规划是国家空间发展的指南、可持续发展的空间蓝图，是各类开发保护建设活动的基本依据。资源环境承载力与国土空间开发适宜性评价是指分析区域资源环境禀赋条件，研判国土空间开发利用问题和风险，识别生态系统服务功能极重要和生态极敏感空间，明确农业生产、城镇建设的最大合理规模和适宜空间，为完善主体功能区布局，划定生态保护红线、永久基本农田、城镇开发边界，优化国土空间开发保护格局，科学编制国土空间规划，实施国土空间用途管制和生态保护修复提供技术支撑。2019年5月我国全面启动国土空间规划编制工作，2020年海西蒙古族藏族自治州（简称海西州）启动国土空间规划编制工作。

海西州位于青藏高原北部，专题研究从海西州的资源环境禀赋特征入手，将资源环境承载能力和国土空间开发适宜性作为有机整体，围绕水资源、土地资源、气候、环境、灾害等要素，开展生态保护、农业生产（种植、畜牧）、城镇建设三大核心功能本底评价。在本底评价的基础上，根据空间用途管制原则，对生态空间、农业空间与城镇空间内用途不符的土地进行了空间冲突分析。根据种植业以水定地，畜牧业以草定畜，城镇空间以水定人、以人定城的原则，分析了海西州种植业、畜牧业、城镇空间的承载规模、承载状态与发展潜力。在此基础上，根据气候变化、技术进步、重大基础设施、生产生活方式转变进行了四种情景的分析。最后，从支持优化国土空间格局、完善主体功能区优化、划定三条控制线、确定与分解规划指标、安排重大工程、高质量发展的国土空间策略、各项专项规划七个方面进行了成果应用的探讨。研究结果表明：

第一，资源环境禀赋方面，海西州属高寒干燥大陆性气候，具有高寒缺氧、空气干燥、少雨多风、日照充足、地形复杂的特点。区内地域辽阔，土地资源较多，水资源较丰富，交通便捷。

第二，从本底评价方面来看，海西州生态保护极重要区面积67 770.95千米²，占区域面积的22.52%。海西州畜牧业、种植业、城镇空间承载规模分别为641万羊单位、125.83万亩、774.15千米²，实际规模分别为567.83万羊单位、68.54万亩、236.01千米²，承载率分别为88.59%、54.47%、30.49%，畜牧业、种植业、城镇建设空间均不超载。

第三，从空间冲突来看，海西州空间冲突不明显。生态空间中的冲突主要是道路农业生产不适宜区中的农业用地数量很少，城镇适宜区外的工业用地主要是没有工矿用地作为城镇空间统计。

第四，从潜力分析来看，海西州虽然从空间来看，种植业、畜牧业有一定的增长空间，但需要相应的水利设施与土地整治配套工程，近期内从空间数量上看潜力有限。但从种植业结构调整、畜牧业舍饲圈养方面看，有较大的潜力。城镇发展受到人口因素限制，商住区面积发展潜力有限，但工业区有较大的发展潜力。

最后，探讨了以上研究成果在国土空间格局优化、主体功能区优化、三条控制线划定、规划指标确定与分解、高质量发展的国土空间策略、各项专项规划六个方面应用的建议，提出了提升资源环境承载能力的路径。

本研究建立了海西州城镇、农业、生态三个导向的评价体系，构建了以土地、水、生态、灾害、区域等要素为主体的指标体系，根据评价的"短板效应"，科学划分城镇、农业、生态三类功能空间，引导城镇、产业、人口、经济等在空间的合理布局，促进空间均衡发展。成果系统全面地评价了海西州的资源环境承载力与国土空间开发适宜性，为海西州国土空间规划提供基础智力支持。

我国国土规划从改革开放到现在，经历了3个阶段。改革开放之初的规划以土地利用规划为主导，旨在科学开发利用土地资源，促进农业发展；随着工业的发展、城镇化的推进，规划以城镇和区域规划为主，旨在促进城镇化和工业化的发展；现阶段注重生态文明建设，以空间规划为主，旨在促进可持续发展。资源环境承载力和国土空间开发适宜性评价契合尊重自然、顺应自然、保护自然的生态文明理念，根据区域资源环境基础状况，从国土空间系统各要素（包括水资源、自然生态、耕地资源、地质灾害、大气环境和水环境、地形地貌等）入手，对区域资源环境的限制性和承载能力进行评价，识别国土开发的资源环境限制性要素及限制程度。

2016年12月，国务院办公厅印发《省级空间规划试点方案》，明确要求开展两个评价，编制空间规划，基于国土本底条件和评价先定格局，各类空间规划跟着大的格局落定。2017年3月，国土资源部发布《自然生态空间用途管制办法（试行）》，要求在系统开展资源环境承载能力和国土空间开发适宜性评价的基础上，确定城镇、农业、生态空间，划定生态保护红线、永久基本农田、城镇开发边界，科学合理编制空间规划。2017年5月27日，环境保护部、国家发展改革委联合发布的《生态保护红线划定指南》更是明确了在资源环境承载能力和国土空间开发适宜性评价的基础上，按生态系统服务功能重要性、生态环境敏感性识别生态保护红线范围，并落实到国土空间，确保生态保护红线布局合理、落地准确、边界清晰的划定原则。2019年5月9日，中共中央、国务院出台的《关于建立国土空间规划体系并监督实施的若干意见》指出，资源环境承载能力和国土空间开发适宜性评价（简称"双评价"）是编制国土空间规划、完善空间治理的基础性工作，是优化国土空间开发保护格局，完善区域主体功能定位，划定生态保护红线、永久基本农田、城镇开发边界（简称"三条控制线"），确定用地用海等规划指标的参考依据。依据（2020年1月）自然资源部《资源环境承载能力和国土空间开发适宜性评价技术指南（试行)》，分析区域资源环境禀赋条件，研判国土空间开发利用问题和风险，识别生态系统服务功能极重要和生态极敏感空间，明确农业生产、城镇建设的最大合理规模和适宜空间，为完善主体功能区布局，划定生态保护红线、永久基本农田、城镇开发边界，优化国土空间开发保护格局，科学编制国土空间规划，实施国土空间用途管制和生态保护修复提供技术支撑，倒逼形成以生态优先、绿色发展为导向的高质量发展新路子。

　　2020年青海省海西蒙古族藏族自治州（简称海西州）开展国土空间规划工作，项目组从海西州的资源环境禀赋特征入手，将资源环境承载能力和国土空间开发适宜性作为有机整体，围绕水资源、土地资源、气候、环境、灾害等要素，针对生态保护、农业生产（种植、畜牧）、城镇建设三大核心功能开展本底评价、现状问题与分析评价、潜力分析，提出结论与建议。整个评价分成八部分，各部分内容如下：第一章为绪论，主要介绍评价过程和方法；第二章为区域概况，主要介绍海西州的自然、人文环境与地区发展特征；第三章为资源环境禀赋特征，介绍海西州资源环境的特征及限制因素与比较优势；第四章为本底评价，对海西州进行了生态保护、农业生产适宜性与规模、城市建设适宜性与规模三个方面的评价；第五章为现状问题和风险，分析了海西州土地利用中的空间冲突、区域资源环境承载状态及存在的问题；第六章为潜力与情景分析，从承载规模与承载状态对海西州的农业、城镇建设空间进行了发展潜力分析；第七章为成果应用，对专题研究进行全面的总结与应用探讨；第八章为海西州双评价中存在的问题与不足。

在青海省科技厅、青海省自然资源厅、青海省海西州自然资源局、青海民族大学、福建省地质测绘院的大力支持下，项目组承担了青海省国际合作项目"高寒生态脆弱区自然生态空间用途管制研究——以天峻县为例"（2019-HZ-802）、青海民族大学2019年度人文社科类校级规划项目"祁连山南麓自然生态空间草地用途转换研究"（2019XJRS13）、青海民族大学2020年度智库研究项目"国家公园与地方政府在三江源生态环境治理中的体制机制协同研究"（2020XJZK07）、青海民族大学2019年度校级理工自然科学重点项目"高寒自然生态空间分级分类区划实现路径研究"（2019XJZ02）等项目的研究，并取得了一批成果。本研究成果是由许多人共同努力完成的，主要参与人员有邱惠泉、刘确威、高泽兵、张政、吴娇、陈圆、丁丽萍、孙正辉，在此一并表示感谢。由于作者水平有限，疏漏或不妥之处在所难免，敬请同行不吝赐教。

CONTENTS / 目 录

前言

第一章 绪 论

第一节 研究背景

2008年汶川地震后，国家提出将"资源环境承载力评价"作为灾后恢复重建规划的基础和重建工作的前提。此后，资源环境承载力在灾后恢复重建总体规划、专项规划和实施规划中都得到了应用，而且逐步被社会经济发展规划和国土空间规划重视。国家"十一五"规划纲要明确提出："根据资源环境承载能力、现有开发密度和发展潜力，统筹考虑未来我国人口分布、经济布局、国土利用和城镇化格局，将国土空间划分为优化开发、重点开发、限制开发和禁止开发四类主体功能区。"国家"十二五"规划纲要提出"对人口密集、开发强度偏高、资源环境负荷过重的部分城市化地区要优化开发，对资源环境承载能力较强、集聚人口和经济条件较好的城市化地区要重点开发"等具体要求。2012年11月，党的十八大将生态文明建设纳入统筹推进"五位一体"总体布局的重要内容。作为推进生态文明建设的重要抓手，"资源环境承载能力评价"和"国土空间开发适宜性评价"（简称"双评价"）受到高度重视。报告提出"要按照人口资源环境相均衡、经济社会生态效益相统一的原则，控制开发强度，调整空间结构，促进生产空间集约高效、生活空间宜居适度、生态空间山清水秀，给自然留下更多修复空间，给农业留下更多良田，给子孙后代留下天蓝、地绿、水净的美好家园"。2013年11月12日，十八届三中全会更是将"建立资源环境承载能力监测预警机制，对水土资源、环境容量和海洋资源超载区域实行限制性措施"作为中央深化改革的重要任务之一，列入了《中共中央关于全面深化改革若干重大问题的决定》。2015年9月，中共中央、国务院印发的《生态文明体制改革总体方案》明确指出，规划编制前应当进行资源环境承载能力评价，以评价结果作为规划的基本依据。

2016年12月，国务院办公厅印发《省级空间规划试点方案》，明确要求开展两个评价，编制空间规划，基于国土本底条件和评价先定格局，各类空间规划跟着大的格局落定。2017年3月，国土资源部发布《自然生态空间用途管制办法（试行）》，要求在系统开展资源环境承载能力和国土空间开发适宜性评价的基础上，确定城镇、农业、生态空间，划定生态保护红线、永久基本农田、城镇开发边界，科学合理编制空间规划。2017年5月27日，环境保护部、国家发展改革委联合发布的《生态保护红线划定指南》更是明确了在资源环境承载能力和国土空间开发适宜性评价的基础上，按生态系统服务功能重要性、生态环境敏感性识别生态保护红线范围，并落实到国土空间，确保生态保护红线布局合理、落地准确、边界清晰的划定原则。2019年5月9日，中共中央、国务院出台《关于建立国土空间规划体系并监督实施的若干意见》，明确我国国土空间规划体系的主要内容，并强化国土空间规划的基础作用。由此可见，国家一系列战略决策，凸显对资源环境承载力评价工作之重视，以双评价为前提和基础来编制国土空间规划，已成为基本共识。2020年青海省海西蒙古族藏族自治州（简称海西州）开展了国土空间规划，双评价工作是国土空间规划的基础，以此为背景开展海西州双评价专题研究。

第二节　研究内容

一、本底评价

将海西州资源环境承载能力和国土空间开发适宜性作为有机整体，围绕水资源、土地资源、气候、环境、灾害等要素，针对生态保护、农业生产（种植、畜牧）、城镇建设三大核心功能开展本底评价。

（一）生态保护重要性评价

从区域生态安全底线出发，评价水源涵养、水土保持、生物多样性维护、防风固沙等生态系统服务功能重要性，以及水土流失、土地沙化等生态脆弱性，综合形成生态保护极重要区和重要区。海西州评价从生态空间完整性、系统性、连通性出发，结合重要地下水补给、洪水调蓄、河（湖）岸防护、自然遗迹、自然景观等进行适当的补充评价和修正。

（二）农业生产适宜性评价

在生态保护极重要区以外的区域，开展种植业、畜牧业等农业生产适宜性评价，识别农业生产适宜区和不适宜区。海西州根据农业生产相关功能的要求，在省级评价的基础上，进一步细化评价单元、提高评价精度、补充评价内容。可结合特色村落布局、重大农业基础设施配套、重要经济作物分布、特色农产品种植等，进一步识别优势农业空间。

（三）城镇建设适宜性评价

根据城镇化发展阶段特征，增加人口、经济、区位、基础设施等要素，识别城镇建设适宜区。

（四）承载规模评价

基于现有经济技术水平和生产生活方式，以水资源、空间约束等为主要约束，缺水地区重点考虑水平衡，分别评价各评价单元承载农业生产、城镇建设最大合理规模。按照短板原理，取各约束条件下最小值作为可承载的最大合理规模。但同时对工业园工矿点较多、开发区面积大的区域，可根据实际取合理约束条件下的规模。

对照国内外先进水平，在技术进步、生产生活方式转变的情景下，评价相应的可承载农业生产、城镇建设的最大合理规模。一般地，省级以市级（或县级）行政区为单元评价承载规模，市级以县级（或乡级）行政区为单元评价承载规模。

二、综合分析

（一）资源环境禀赋分析

分析海西州水、土地、森林、草原、湿地、冰川、荒漠、能源矿产等自然资源的数量、质量、结构、分布等特征及变化趋势，结合气候、生态、环境、灾害等要素特点，对比国家、省域平均情况，对标国际和国内，总结资源环境禀赋优势和短板。

（二）现状问题和风险识别

将生态保护重要性、农业生产及城镇建设适宜性评价结果与用地现状进行对比，重点识别以下冲突（包括空间分布和规模）：生态保护极重要区中永久基本农田、园地、人工商品林、建设用地，种植业生产不适宜区中耕地、永久基本农田，城镇建设不适宜区中城镇用地，地质灾害高危险区内农村居民点。

对比耕地规模现状与耕地承载规模，城镇建设用地规模现状与城镇建设承载规模，牧区实际载畜量与牲畜承载规模等，判断区域资源环境承载状态。对资源环境超载的地区，找出主要原因，提出改善路径。

根据相关评价因子，识别水平衡、水土保持、生物多样性湿地保护、地面沉降、土壤污染等方面问题，研究判断未来变化趋势和存在的风险。

三、潜力分析

根据农业生产适宜性评价结果，对种植业、畜牧业不适宜区以外的区域，根据土地利用现状和资源环境承载规模，分析可开发为耕地、牧草地的空间分布和规模。

根据城镇建设适宜性评价结果，对城镇建设不适宜区以外的区域（市县层面可直接在城镇建设适宜区内），扣除集中连片耕地后，根据土地利用现状和城镇建设承载规模，分析可用于城镇建设的空间分布和规模。

四、情景分析

针对气候变化、技术进步、重大基础设施建设、生产生活方式转变等不同情景，分析对水资源、土地资源、生态系统、自然灾害、能源资源安全等的影响，给出相应的评价结果，提出适应和应对的措施建议，支撑国土空间规划多方案比选。

五、结论与建议

就海西州的双评价结论进行系统的叙述，同时对双评价成果的应用进行简单阐述，结合海西州的特点，对海西州国土空间规划提出一系列建议。

第三节 评价目标与评价依据

一、评价目标

分析区域资源环境禀赋条件，研究判断国土空间开发利用问题和风险，识别生态系统服务功能极重要和生态极敏感空间，明确农业生产、城镇建设的最大合理规模和适宜空间，为完善主体功能区布局，划定生态保护红线、永久基本农田、城镇开发边界，优化国土空间开发保护格局，科学编制国土空间规划，实施国土空间用途管制和生态保护修复提供技术支撑，倒逼形成以生态优先、绿色发展为导向的高质量发展新路子。

二、评价依据

（一）评价指导文件

评价指导文件包括：《资源环境承载力与国土开发适宜性评价指南（试行）》（自然资办函〔2020〕127号）、《生态保护红线划定指南》（环办生态〔2017〕48号）。

（二）规范性引用文件

规范性引用文件包括：《农用地质量分等规程》（GB/T 28407—2012）、《地表水环境质量标准》（GB 3838—2002）、《地下水质量标准》（GB/T 14848—2017）、《环境空气质量标准》（GB 3095—2012）、《土壤环境质量 农用地土壤污染风险管控标准（试行）》（GB 15618—2018）、《土地质量地球化学评价规范》（DZ/T 0295—2016）、《气象灾害风险评估技术指南》（2018年8月）、《地质灾害危险性评估规范》（DZ/T 0286—2015）、《中国地震动参数区划图》（GB 18306—2015）、《建筑抗震设计规范》（GB 50011—2010）、《国家基本比例尺地图编绘规范》（GB/T 12343）、《基础地理信息要素分类与代码》（GB/T 13923—2006）、《气象干旱等级》（GB/T 20481—2017）、《土地利用现状分类》（GB/T 21010—2017）、《农业气候影响评价》（GB/T 21986—2008）、《水文基本术语和符号标准》（GB/T 50095—2014）、《第三次全国国土调查技术规程》（TD/T 1055—2019）、青海省地方标准

《用水定额》(DB63/T 1429—2021)。

(三) 中央政府与各部委文件

中央政府与各部委文件包括:《中共中央 国务院关于建立国土空间规划体系并监督实施的若干意见》(中发〔2019〕18号)、《自然资源部关于全面开展国土空间规划工作的通知》(自然资发〔2019〕87号)、《自然资源部办公厅关于印发〈国土空间调查、规划、用途管制用地用海分类指南(试行)〉的通知》(自然资办发〔2020〕51号)、《自然资源部办公厅关于印发〈市级国土空间总体规划编制指南(试行)〉的通知》(自然资办发〔2020〕46号)、《中共中央办公厅 国务院办公厅关于印发〈关于在国土空间规划中统筹划定落实三条控制线的指导意见〉的通知》(厅字〔2019〕48号)。

三、评价原则

(一) 生态优先

以习近平生态文明思想为指导,突出生态保护功能,识别生态系统服务功能极重要、生态极敏感区域,确保生态系统完整性和连通性。在坚守生态安全底线前提下,综合分析农业生产、城镇建设的合理规模和布局。

(二) 科学客观

体现尊重自然、顺应自然、保护自然的理念,充分考虑全域国土空间土地、水、生态、环境、灾害等资源环境要素,加强与相关专项调查评价结果的统筹衔接,以定量方法为主,以定性方法为辅,客观全面地评价资源环境禀赋条件、开发利用现状及潜力。

(三) 因地制宜

在强化资源环境底线约束的同时,充分考虑区域和尺度差异。市县开展评价时,可结合本地实际和地域特色,因地制宜适当补充评价功能、要素与指标,优化评价方法,细化分级阈值。

(四) 简便实用

在保证科学性的基础上,抓住解决实际问题的本质和关键,选择代表性要素和指标,采用合理方法工具,结果表达简明扼要。紧密结合国土空间规划编制,强化操作导向,确保评价成果科学、权威、适用、管用、好用。

第四节 数据来源

一、基础数据及来源

通过与海西州多个部门座谈、调研和资料收集等基础工作，汇总和梳理海西州多个部门的相关资料，作为双评价的基础资料，涉及基础地理类、土地资源类、水资源类、生态环境类、灾害类、气候气象类和交通区位类等，使用各类基础资料的最新数据进行评价，主要基础数据及来源见表1-1。

表1-1 数据收集清单

序号	类别	名称	内容	直接来源
1	土地资源类	土地利用现状数据	全国第三次土地利用现状调查数据	州自然资源局
		土壤数据	省/市土壤数据库（含不同土壤粒径百分比、土壤有机质含量百分比）	全国生态环境调查数据库
2	基础底图类	行政区划数据	行政区划图、乡镇行政区划图	州自然资源局
		青海省主体功能区规划	规划报告与矢量图	省发改委
3	遥感影像	州及县高清影像	三调影像	省自然资源厅
		DEM影像	1：50 000 DEM或30米分辨率DEM影像	地理空间云
		NPP影像	NPP影像	地理空间云
		NDVI影像	归一化指数影像	地理空间云
4	矿产类	资产资源	矿产资源分布、矿山分布、地热资源分布、地质遗迹资源分布、天然气与页岩气分布、工矿废弃地分布等	州自然资源局
		尾矿	尾矿库分布数据及规模、废弃矿山分布数据	州自然资源局

（续）

序号	类别	名称	内容	直接来源
4	矿产类	矿种	主要矿种的分布、储量、开发利用现状矢量分布数据	州自然资源局
		采矿权	采矿权空间分布数据，矿权退出或开发利用现状分布数据	州自然资源局
5	水资源类	水源保护区分布	一级、二级饮用水水源保护区分布	州水利局
		水文数据	降水量、蒸发量、水资源量（地表水、地下水）、地表径流流量与流速、地下水埋深、地下水矿化度、流域水资源分布数据	州水利局
		水利工程数据	已建水库工程布局图、规划重点水源工程项目库布局图	州水利局
		水功能区划数据	水功能区划图、控制单元或流域划分图	州自然局
		州/县用水总量控制指标		州水利局
		各控制单元或流域分区水质目标		州水利局
		水资源综合规划		州水利局
		水资源公报	近5年水资源公报	州水利局
6	环境类	大气环境质量监测数据	监测站点（包括国控、省控、州县级监测站点）SO_2、NO_2、CO、O_3、$PM_{2.5}$、PM_{10}的月均、年均浓度	州生态环境局
		水环境质量监测数据	所有监测站点（包括国控、省控、州县级监测站点）年均水质监测数据	省水利厅
7	城镇类	城镇边界	城镇边界线	州自然局
8	交通类	交通数据	公路、铁路、航空等交通基础设施的分布、等级、里程数据，高速公路出入口的分布数据	OSM数据

（续）

序号	类别	名称	内容	直接来源
9	基础设施类	基础设施数据	能源生产基地分布数据、输变电设施分布数据	州电力局
10	生态类	植被覆盖数据	植被覆盖度、年NPP	地理云空间
		生态功能区划数据	生态系统分类数据、生态功能区划图	省自然资源厅
		保护地数据	一级、二级水源涵养区分布图，国家公园、自然保护区、自然公园、森林公园、风景名胜区、湿地公园、地质公园等自然保护地分布	州自然资源局
		生态红线数据	最新生态红线数据	州自然资源局
		陆地生态系统空间分布	森林、灌丛、草地（草甸、草原、草丛）、园地（乔木、灌木）、湿地、冰川及永久积雪等陆地生态系统	州自然资源局、州林草局
		森林植被类型	森林资源清查及年度变更数据	州林草局、州自然资源局
		青海省生态功能区规划	报告、矢量图	省林草局
11	灾害类	地震灾害数据	活动断层分布图（地调局提供）、地震动峰值加速度	省地调局、省地震局
		地质灾害数据	崩塌、滑坡、泥石流和地面沉降、矿山地面塌陷	州自然资源局
			塌陷和岩溶塌陷等地质灾害发生频次、强度及高易发区	青海省地质环境监测局
		气象灾害数据	年最大风速（近10年）、年最大日降水量（近30～50年）、年最低气温（近10年）	省气象局、州气象局
12	气候气象类	气象台站站点坐标	气象台站站点坐标	省气象局

（续）

序号	类别	名称	内容	直接来源
12	气候气象类	气象数据1	多年平均风速、大风日数、多年平均静风日数、多年平均降水量、多年日平均气温≥0℃、活动积温、蒸散发、干燥度指数、多年月均气温、多年月均空气相对湿度、逐日平均风速	省气象局、州气象局
		气象灾害统计数据	干旱、洪涝、低温寒潮	省气象局
		蒸散发数据	国家生态系统观测研究网络科技资源服务系统网站	省气象局
		气象数据2	降水、月均气温、风速、日照时数、活动积温、月均空气相对湿度、起沙天数、蒸散发、干燥度指数等	省气象局
13	社会经济类及其他	经济数据	近5年地区生产总值（GDP）及产业结构	州统计局
		人口数据		州统计局
		统计年鉴		州统计局

二、坐标基准和投影方式

评价统一采用2000国家大地坐标系（CGCS2000）、高斯—克吕格投影，高程采用1985国家高程基准。

三、评价单元与计算精度

土地利用类型原则上采用第三次全国土地调查成果为基础评价底图，以各评价因子综合空间运算后的最小图斑为评价单元。环境和其他因素以可获取的资源环境要素评价成果图斑为单元进行评价汇总。

单项评价根据要素特征确定区域、流域、栅格等评价单元，优先使用矢量数据，栅格数据采用30米×30米计算精度。本次评价，气象数据、地形数据、植被数据等采用30米×30米的栅格数据，其他数据都采用矢量数据。

四、技术路线

根据自然资源部《资源环境承载力与国土开发适宜性评价指南（试行)》(2020年1月)，构建了海西州双评价技术路线，见图1-1。

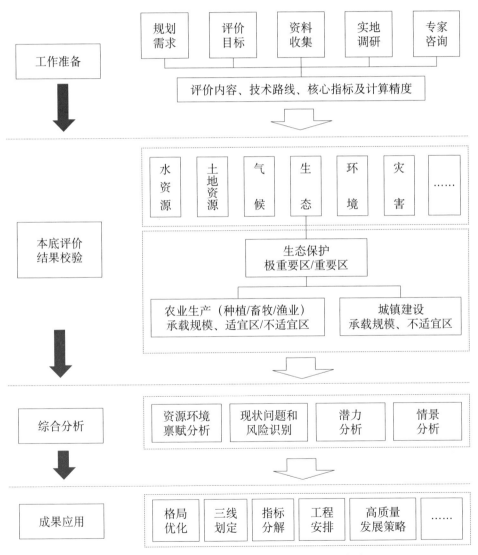

图1-1 海西州国土空间规划双评价技术路线

第二章 区域概况

第一节 地理位置

海西蒙古族藏族自治州位于青藏高原北部、青海省西部，北临甘肃，西接新疆，东与青海海南、海北藏族自治州相连，南与青海玉树、果洛藏族自治州毗邻。地理坐标为东经90°7′～99°46′，北纬35°1′～39°19′（图2-1）。东西长约837千米，南北宽约486千米，面积30.09万千米²。其中柴达木盆地面积25.6万千米²，约占全州面积的85%。下辖3个县级市、

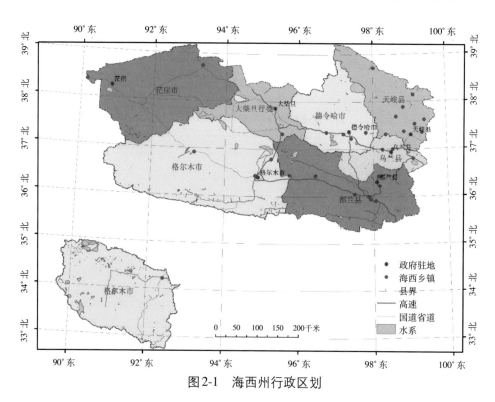

图2-1 海西州行政区划

3个县，分别是格尔木市、德令哈市、茫崖市、乌兰县、都兰县、天峻县，另有大柴旦行政区，管理自治州直辖的柴旦镇、锡铁山镇。

第二节　自然资源

一、地形地貌

海西州境域以昆仑山、阿尔金山、祁连山环抱着的柴达木盆地为主体，盆地海拔2 675～3 200米，四周高山海拔3 500～4 500米。地势西北高，东南低。盆地从边缘至中心依次为高山、丘陵、戈壁、平原、湖沼5个地貌类型，呈环带状分布，可划为3个大地貌区、7个中地貌区、23个小地貌区。从成因上分主要有构造地貌、流水地貌、湖泊地貌、冰川地貌、冰缘地貌、风成地貌、黄土地貌、夷平面、喀斯特地貌、重力地貌（图2-2）。

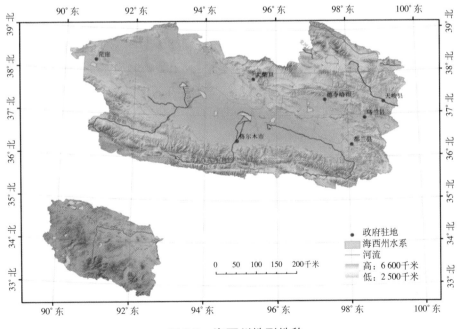

图2-2　海西州地形地貌

第一，海西州地势四周高、中间低。海西州总土地面积30.09万千米²。按海拔高度划分，海拔3 000米以下的地区面积约8万千米²，占全州面积的27%，为柴达木盆地的古湖积平原区；海拔3 000 ~ 3 500米的地区面积约4万千米²，占全州面积的13%，包括天峻部分的环青海湖平原、茶卡盆地、柴达木盆地四周洪积扇与山麓交接带；海拔3 500 ~ 4 000米的地区面积约4万千米²，占全州面积的13%，包括柴达木盆地内的独立山、祁连山和昆仑山的中山丘陵带，阿尔金山山地；海拔4 000米以上的地区面积约14万千米²，占全州面积的46%，属祁连山、昆仑山、唐古拉山的高山和极高山带。由此可见，海西州地形以高山、极高山为主，有地势高耸的显著特点。

第二，地形呈北西西—南东东走向，高山与谷地或盆地相间分布。海西州地势基本格局受大地构造控制，有祁连山、阿尔金山、昆仑山、唐古拉山四大山脉蜿蜒于州之边界或展布其间，它们的走向除阿尔金山外，包括各山系支脉大都呈北西西—南东东走向，构成了本区山地与山原地形的基本骨架，横亘于柴达木盆地内的一系列的独立山体。如赛什腾山、绿梁山、锡铁山、阿木尼克山、耗牛山等亦都呈北西西—南东东走向。在两山之间形成的谷地或盆地也都呈北西西—南东东走向。境内高山与谷地或盆地相间分布的特点十分突出，从大地势上看，北有祁连山、阿尔金山，南有昆仑山，柴达木盆地相间于其中。具体到山地内部，也是如此。如祁连山段有托来南山—疏勒河谷—疏勒南山—哈拉湖盆地—野牛脊山—哈尔科山—阿让郭勒河谷—宗务隆山，西段有党河南山—哈布腾河谷—土尔根达山—鱼卡河谷—柴达木山—塔塔棱河谷—库尔雷克山等。

第三，地貌复杂多样，垂直分异明显。境内地貌类型复杂多样，四周多为巨大的高山、宽缓的山原和切割谷地，中间有宽阔的高原盆地——柴达木盆地和茶卡盆地，而在柴达木盆地中又发育有次一级的小盆地，如马海盆地、德令哈盆地、希里沟盆地等。在高山和盆地的过渡带上为低山丘陵。其地貌类型有冰川冻土地貌、流水地貌、干燥剥蚀山地貌、湖积地貌、风成地貌等。这些地貌类型具有明显的垂直分异规律性。在极高山和高山带以冰川和冰缘作用，冻胀和冻融作用为主，发育为冰川冻土地貌；海拔4 000米以下的中低山丘陵地带，受盆地干旱气候影响，干燥作用十分强烈，发育为干燥剥蚀山地貌；在高原面以下数级侵蚀面流水作用十分活跃，发育有河流谷地等侵蚀地貌和洪积扇、洪积平原、洪积—冲积平原等流水堆积地貌；在柴达木盆地各湖泊周围，广泛发育湖沉积地貌；风蚀风积地貌在境内随处可见，更增加了地貌类型的复杂多样性。

二、气候

海西州是典型的高寒干燥大陆性气候区，由于地域辽阔、地形地貌复杂，可分为柴达木盆地干旱荒漠区和盆地四周山地高寒区。两个气候区的气候特征截然不同。柴达木盆地干旱荒漠区，由于深居大陆腹地，四周高山环绕，西南暖湿气流难以进入，所以降水稀少，气候干燥。盆地区海拔一般在 2 700 ～ 3 200 米，在青海省内仍为地势较低地区，所以在省内气温较高。盆地四周山地寒区，地势高峻、气候寒冷。降水日数少、降水量小是海西州降水的主要特点。全州年平均风速因受地势影响而不同，盆地一般在 3 ～ 4 米/秒，山地年平均风速 4 米/秒以上。海西州海拔在 2 675 ～ 6 860 米，气压、空气密度、空气含氧量和水沸点温度均随海拔的升高而降低。

三、水文

海西州共有大小河流 160 余条，流域面积大于 500 千米^2，常年有水的河流有 49 条。多年平均径流量超过 1 亿米^3 的河流有那棱格勒河、布哈河、柴达木河、疏勒河 、格尔木河、鱼卡河、呼伦河、乌图美仁河、沱沱河、巴音河、木里河、诺木洪河、塔塔棱河、察汗乌苏河等 16 条，流域面积近 30 万千米^2。有湖泊 90 多个，其中察尔汗盐湖最大，面积 5 856 千米^2。除察尔汗盐湖外，大于 1 千米^2 的天然湖泊 42 个，总面积 1 967.7 千米^2。其中湖水矿化度小于 2 克/升的淡水湖泊 15 个，面积 476.9 千米^2；咸水湖 6 个，面积 322.3 千米^2；盐湖 21 个，面积 1 168.5 千米^2。

海西州淡水资源总量为 73.118 亿米^3，其中地表水 69.237 亿米^3，地下水 43.905 亿米^3（包括地表水和地下水重复利用量 40.024 亿米^3）。淡水的主要来源是降水。每年 80% 的降水集中在 6—9 月，分布特征是由东南向西北，由四周山区向柴达木盆地中心逐渐递减。

四、动物资源

海西州境内柴达木盆地地形复杂多样，峻山、丘陵、盆地、河谷、湖泊交叉分布，形成独特的自然环境，加上人口稀少，为野生动物的生息繁衍创造了良好的条件。柴达木盆地是青海省野生动物重点保护区之一，有96种野生动物，其中属国家一、二级重点保护的动物30余种。主要的水禽有黑颈鹤、天鹅、斑头雁、赤麻鸭、鱼鸥、鹭鹈等，哺乳动物有野骆驼、野牦牛、野驴、藏羚羊、白唇鹿、马鹿、盘羊、岩羊、藏原羚、鹅喉羚等珍稀的野生动物。此外，祁连山和昆仑山还有雪豹、猞猁等，野禽有石鸡、雪鸡等。

五、植物资源

海西州共有野生植物173种。主要药用植物有麻黄、锁阳、芦苇、枸杞、大黄、狼毒、龙胆等27种。主要用材植物有云杉、圆柏、胡杨、柽柳、白刺等8种。主要牧草植物有早熟禾、扁蓿、柄茅、沙拐枣、野葱、甘草、芨芨草、珠芽蓼等45种。主要固沙植物有白刺、柽柳、枸杞、罗布麻、麻黄、沙棘、胡杨等18种。主要食用植物有锁阳、野葱、蕨麻、阔叶独行菜、灰条等11种。主要纤维植物有罗布麻、马兰、狼毒、芨芨草等10种。主要酿造植物有白刺、枸杞、沙棘3种。

2019年末全州自然保护区面积220.77万公顷。林地面积249.6万公顷，森林覆盖率3.5%。湿地面积380.18万公顷。2019年全州人工造林面积10.11万亩[*]，封山育林67.45万亩，森林经营20.85万亩。全民义务植树130.8万株，参加人数124.1万人次。

六、矿产资源

海西州已探明储量的矿产57种，矿产地281处，其中大型矿床72处，中型矿床61处。主要矿产有石油、天然气、煤、原盐、钾、硼、锂、镁、锶、溴、碘、芒硝、自然硫、铬、铅锌、金、银、石棉、石灰岩等，其中

---

[*] 亩为非法定计量单位，15亩＝1公顷。——编者注

原盐、钾、镁、锂、锶、石棉、芒硝等矿藏储量居中国首位，溴、硼等储量居第二位。矿产资源具有储量大、品位高、类型全、分布集中、资源组合好等特点。

第三节　社会经济

一、人口状况

（一）人口状况

2019年海西州常住人口为47.12万人，同比下降0.4%。按城乡分，城镇人口30.9万人，占总人口的比重（常住人口城镇化率）为76.53%，同比提高0.36个百分点；乡村人口16.22万人，同比下降1.7%。户籍人口40.38万人，同比下降0.3%。户籍人口中，城镇人口27.89万人，占总人口的比重（户籍人口城镇化率）为69.06%，同比下降0.03个百分点；乡村人口12.49万人，同比下降0.2%。男性人口20.5万人，同比下降0.3%；女性人口19.88万人，同比下降0.2%。户籍人口出生率10.08‰，同比下降1.7个千分点；死亡率5.38‰，同比增长0.04个千分点；人口自然增长率4.7‰，同比下降1.74个千分点。

第七次全国人口普查数据表明，2020年海西州常住人口为46.85万人，同比下降0.6%。按城乡分，城镇人口30.9万人，占总人口的比重（常住人口城镇化率）为76.56%，同比提高0.03个百分点；乡村人口15.95万人，同比下降1.6%。户籍人口40.36万人，同比下降0.1%。户籍人口中，城镇人口27.91万人，占总人口的比重（户籍人口城镇化率）为69.15%，同比提高0.09个百分点；乡村人口12.45万人，同比下降0.3%。男性人口20.48万人，同比下降0.1%；女性人口19.88万人。户籍人口出生率11.03‰，同比增长0.95个千分点；死亡率5.87‰，同比增长0.49个千分点；人口自然增长率5.16‰，同比增长0.46个千分点。

海西州是一个移民型、多民族聚集的地区。根据第七次人口普查，海西州有蒙古、藏、汉、回、土、撒拉等43个民族，其中主体民族为蒙古族、藏族。

（二）历届人口普查全州常住人口及增长率

根据历年全国人口普查数据，海西州的全州常住人口及增长率如图2-3所示。

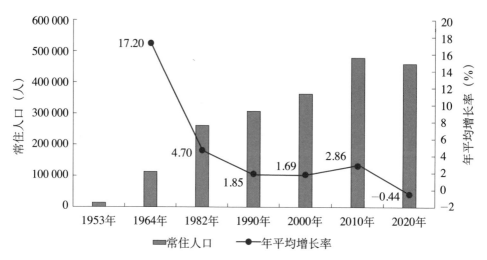

图2-3　海西州历次人口普查全州常住人口及年平均增长率

二、国民经济

海西州南通西藏，北达甘肃，西出新疆，处于青甘新藏4个省份交会的中心地带，也曾是通往西域的古"丝绸之路"辅道。境内兰西拉光缆、青新光缆、青藏750千伏交直流联网线路贯穿全境，格尔木—拉萨成品油输油管线和涩宁兰输气管线分布境内，青藏铁路和国道109、315线横贯全境，并与国道215线、西部大通道及省、州道纵横贯通，是连接西藏、新疆、甘肃的战略支撑点和我国西部腹地的交通枢纽。

2018年，海西州实现地区生产总值625.27亿元，同比增长8.3%。其中，第一产业增加值33.4亿元，同比增长7.6%；第二产业增加值428.4亿元，同比增长8%；第三产业增加值163.5亿元，同比增长9.1%。固定资产投资同比增长9.1%，规模以上工业增加值同比增长7.8%。全体居民人均可支配收入27 772元，同比增长9%，城镇常住居民人均可支配收入

32 718元，同比增长8.2%。总体上全州经济初步实现预期，且发展状况良好。

2020年，海西州实现地区生产总值619.81亿元，同比下降2.1%。其中，第一产业增加值41.47亿元，同比增长5.1%；第二产业增加值391.98亿元，同比下降3%；第三产业增加值186.36亿元，同比下降1.8%。固定资产投资同比下降24.9%，规模以上工业增加值同比下降5%。全体居民人均可支配收入30 168元，同比增长5%，城镇常住居民人均可支配收入36 806元，同比增长4.5%，农村常住居民人均可支配收入16 107元，同比增长7%。

第三章　资源环境禀赋特征

第一节　自然资源特征

一、土地资源

根据海西州2020年土地变更调查成果，海西州土地总面积为30.09万千米²。按占地面积大小依次是其他用地、农用地与建设用地，分别为18.33万千米²、11.52万千米²、0.24万千米²，占比分别为60.92%、38.29%、0.80%。

占地最多的4类是其他土地、草地、湿地、陆地水域，占比分别是58.08%、31.68%、4.06%、2.84%；其次是林地、盐田、种植园用地、耕地、交通运输用地，占比分别为2.14%、0.54%、0.19%、0.16%、0.09%；最后是其他农用地、城镇用地、采矿用地、村庄用地、特殊用地，占比分别为0.07%、0.07%、0.05%、0.03%、0.004%（图3-1、表3-1）。

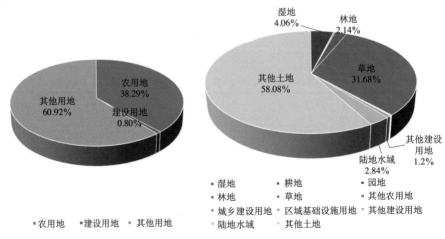

图3-1　海西州2020年土地利用变更调查现状

表3-1　海西州2020年土地变更调查成果

单位：公顷

用地用海类型		海西州	格尔木市	德令哈市	茫崖市	都兰县	乌兰县	天峻县	大柴旦行委
土地总面积		30 085 968.04	11 917 560.62	2 776 565.35	4 989 089.52	4 526 538.95	1 224 993.56	2 561 310.04	2 089 910.00
农用地	耕地	46 926.99	1 479.03	11 406.21	0.07	24 875.56	6 997.16	0.00	2 168.96
	园地	56 306.30	13 904.97	14 450.48	0.00	23 879.80	2 848.92	0.00	1 222.13
	林地	643 785.41	228 219.33	43 173.74	1 965.87	203 162.00	112 454.75	39 342.81	15 466.91
	草地	9 531 523.40	3 051 631.22	1 542 579.28	194 498.58	2 475 553.60	645 647.70	1 566 783.16	54 829.86
	湿地	1 221 584.85	567 572.36	88 955.97	49 433.50	179 178.63	33 005.17	287 391.20	16 048.02
	其他农用地	21 213.29	6 333.05	2 863.23	1 868.83	5 311.36	1 666.06	1 877.83	1 292.93
	农用地合计	11 521 340.24	3 869 139.96	1 703 428.91	247 766.85	2 911 960.95	802 619.76	1 895 395.00	91 028.81
建设用地	城乡建设用地 城镇用地	20 821.31	13 500.90	3 123.90	1 463.79	983.68	724.29	472.69	552.06
	村庄用地	10 072.74	1 387.49	3 759.79	228.23	1 747.23	1 614.21	352.15	983.64
	小计	30 894.05	14 888.39	6 883.69	1 692.02	2 730.91	2 338.50	824.84	1 535.70
	区域基础设施用地 铁路用地	7 471.90	2 618.60	1 215.69	1 025.14	294.31	401.39	351.05	1 565.72
	公路用地	17 896.13	3 673.53	1 941.88	2 060.55	3 074.50	2 109.46	2 409.27	2 626.94
	机场用地	793.15	340.82	270.83	181.50	0.00	0.00	0.00	0.00

（续）

用地用海类型			海西州	格尔木市	德令哈市	茫崖市	都兰县	乌兰县	天峻县	大柴旦行委
建设用地	区域基础设施用地	港口码头用地	0.82	0.00	0.00	0.00	0.00	0.61	0.00	0.21
		管道运输用地	53.55	2.39	39.58	4.73	0.00	0.79	0.00	6.06
		水工设施用地	521.52	319.68	55.73	4.51	49.96	68.28	7.46	15.90
		小计	26 737.07	6 955.02	3 523.71	3 276.43	3 418.77	2 580.53	2 767.78	4 214.83
	其他建设用地	特殊用地	1 200.16	731.34	101.85	12.80	85.86	116.15	29.15	123.01
		采矿用地	15 848.00	2 542.44	2 643.78	2 577.36	1 299.64	356.44	2 312.19	4 116.15
		盐田	161 336.32	89 307.60	0.00	24 522.01	29 891.24	6 674.56	0.00	10 940.91
		小计	178 384.48	92 581.38	2 745.63	27 112.17	31 276.74	7 147.15	2 341.34	15 180.07
	建设用地合计		236 015.60	114 424.79	13 153.03	32 080.62	37 426.42	12 066.18	5 933.96	20 930.60
其他用地	陆地水域		854 878.07	550 608.91	122 436.27	22 778.65	25 941.42	23 071.15	66 806.59	43 235.08
	其他土地		17 473 734.13	7 383 386.96	937 547.14	4 686 463.40	1 551 210.16	387 236.47	593 174.49	1 934 715.51
	其他用地合计		18 328 612.20	7 933 995.87	1 059 983.41	4 709 242.05	1 577 151.58	410 307.62	659 981.08	1 977 950.59

二、水资源

（一）水资源分区

海西州水资源分区根据上述分区原则和青海省水资源区划，分属于3个一级区，5个二级区，11个三级区。各区行政范围、名称代号及主要河流见表3-2。

表3-2 海西州水资源分布

名称与代号			面积（千米²）	行政范围与主要河流
一级区	二级区	三级区		
西北黄土高原区（IV）	海东黄土山地丘陵半干旱地区（IV₁）	大通河半干旱山地峡谷区（IV₁-1）	1 588.23	天峻县东北部木里乡境内的木里煤矿地区。主要有大通河源头的巴尕当曲等支流
西北内陆区（IX）	柴达木盆地区（IX₆）	都兰干旱区（IX₆-1）	46 220.33	都兰县的全部，仅西南部大格勒与五龙沟计4 472千米²划入IX₆-3区。主要有察汗乌苏河、香日德河、夏日哈河、沙柳河、伊克光河、诺木洪河、洪水河、清水河、哈图河、西西河
		乌兰干旱区（IX₆-2）	29 164.5	乌兰县的铜普乡、希赛地区，大柴旦行委大柴旦镇的部分，天峻县的生格乡。主要有巴音河、都兰河、小白水河、巴勒更河、赛什克河
		格尔木干旱区（IX₆-3）	101 315.95	含柴达木盆地内的格尔木市地区，乌图美仁地区及东南部的大格勒和五龙沟地区。主要有格尔木河、奈金河、大格勒河、那陵郭勒、托拉海河、五龙沟
		西部三镇荒漠区（IX₆-4）	75 004.70	茫崖市下辖茫崖镇、花土沟镇、冷湖镇和大柴旦镇的大部。主要有铁木里克河、大哈尔腾河、塔塔棱河、鱼卡河及小哈尔腾河

（续）

名称与代号			面积 （千米²）	行政范围与主要河流
一级区	二级区	三级区		
西北 内陆区 （IX）	青海湖环湖区 （IX₇）	哈拉湖北高寒区 （IX₇-1）	4 767.52	哈拉湖东侧天峻县的 1 834.72千米²，其余为德令 哈的2 932.8千米²
		青海湖滨湖干旱区 （IX₇-2）	13 528.43	天峻县、县牧场、新源镇、 江河镇、快尔玛乡、织合玛 乡、舟群乡、阳康乡的全部 及木里镇大部。主要有布哈 河、阳康河、峻河
		茶卡盆地干旱区 （IX₇-3）	2 971.05	乌兰县的茶卡镇、莫河畜 牧场，天峻县372.8千米²亦 在内。主要有茶卡河等
	河西走廊区 （IX₈）	祁连山地干旱区 （IX₈-1）	12 065.45	天峻县西北部的苏里乡及 德令哈市北部的牙马图地区。 主要有疏勒河、大水河、冷水 河等最终出省境的内陆河流
青藏 高原区 （X）	青藏高原高寒区 （X₂）	长江澜沧江江源 高寒区（X₂-1） 与可可西里内陆 区（X₂-2）	58 732.96	唐古拉山乡全部。主要河 流有沱沱河、冬曲、尕尔曲等
合计			345 359.12	

（二）水系简介

1.河流水系

海西州盆地虽降水稀少，但山区降水较多，雪线以上的山峰和沟壑，终年覆盖着积雪和冰川，水系发育。发育有大小河流160多条，主要靠冰雪融水补给，其次是洪水和少量泉水及地下水等的补给，除江源外流区沱沱河流域水系及大通河流域的河流有出口外，其他大小河流不论是否出境，都是无出口的高原内陆河流。其中，季节性河流占绝大多数，暖季丰水，冷季枯水或干涸。而长年有水的较大河流有30多条，山区河流落差大，水量也较大，蕴藏有较丰富的水能资源。

2.河流的补给源及类型

（1）河川径流是流域内的降水在复杂汇流过程中，经过各种转化和损失之后而形成的，其补给来源由冰雪融水补给、地下水补给、雨雪水补给三部分组成，但根本上都是来源于大气降水。根据在河流年径流总量中各项补给所占比例不同，通常将河流按主要补给来源划分为冰雪融水补给、地下水补给、雨雪水补给及混合补给等类型。

（2）柴达木盆地的主要河流，多数属地下水补给类型，如那棱格勒河、格尔木河、诺木洪河、沙柳河、夏日哈河、都兰河、大格勒河等。其次为冰雪融水补给类型，如大哈尔腾河、塔塔棱河等。至于冰川融化水对河流的补给量，主要与河流流域的冰川面积、体积和储水量多少有关，还受气温及融化水与河流之间的下垫面水文地质条件影响。以党河南山、土尔根达坂山、柴达木山的河流为例，估算冰川融化水对河流的补给量，大哈尔腾河为最大，小哈尔腾河为最小。而鱼卡河则在大小哈尔腾河之间，属冰雪融水和地下水各半的两项混合补给类型。再就是雨雪水补给类型，如巴音河、香日德河、察汗乌苏河等。

（3）州内东北部地区的主要河流，发源于祁连山系，它们的水源大部分依赖冰川融化水的补给。如天峻境内的疏勒南山，山峰海拔一般在5 000米以上，发育着大面积的现代冰川，是疏勒河、布哈河、大通河的发源地，是一个巨大的固体水库，总储量为298.2亿米^3。区内各河流的一切水文特征，为山间谷地河流的特征。

3.径流

（1）多年平均径流总量及其分布。根据水资源的估算，海西州不计入唐古拉山乡地区的地表水49.78亿米^3，多年平均地表水径流量为71.217亿米^3，另尚有新疆入境水量2.87亿米^3。由于气候与下垫面因素对径流的影响，径流的空间分布不均，地区差异较大，其分布趋势与降水基本一致。

①在柴达木盆地，年均地表径流总量46.483亿米^3。其中包括新疆的2.87亿米^3。径流深的分布趋势基本上与降水一致，由东南向西北、四周山区向盆地中心递减。据径流深等值线图，四周山区的径流深一般在10 ～ 50毫米，盆地西部及中部广大地区均在5毫米以下，基本上认为不产

径流。大致东起诺木洪，向西沿托拉海、乌图美仁，至西北的花土沟，再折向东北的冷湖镇，而转向东南回到诺木洪为止成一周，所包围的地区即为无径流区。

②在州内东北部等地区，多年平均地表径流量为26.429亿米^3。径流深地区分布极不平衡，其分布趋势亦与降水基本一致，由东向西递减，径流深一般在25～150毫米，远大于柴达木盆地。以木里地区径流深值大，花儿地与哈拉湖盆地的径流深数值均小。

③在州内最东部地区，年均地表径流量为1.175亿米^3。径流深地区分布亦不平衡，其分布趋势也与降水基本一致，即可以茶卡盐湖南侧附近为中心，分别向东北和东南两个方向递增，而以茶卡盐湖以北地区的平均径流深数值为大。该地区径流深一般在25～50毫米，是降水量少、径流量少的干旱缺水地区。其中茶卡河等山间河流非常短小，属内陆河流。

(2) 径流的年内分配及其多年变化。海西州河川径流总体上是年内分配不均，随季节、气候、补给来源而变化。又因在变化过程中错综复杂的组合因素，以及下垫面因素等影响，径流的年际变化也较大，同样导致各主要河流径流变化大小各异。

①在柴达木盆地河川径流年内分配不均。河流春汛开始的日期，决定于春季天气变化情况，以冰雪融水补给为主的河流，春汛一般在4月开始出现。以地下水补给为主的河流，径流的年内变化一般显得比较稳定而有规律。依靠降水直接补给为主的河流，夏秋的径流量较大，还常有暴雨洪水的发生，冬季为枯水期，甚至发生断流现象，其径流的年内变化与降水及气温之变化有着密切关系，洪水期5—8月或6—9月的径流量，一般占全年总量的50%～70%。若春汛期从4月起至9月，其径流量则占全年总量的52.7%～98.9%。

柴达木盆地主要河流中，虽然大部分属地下水和冰雪融水补给，但由于气候因素变化的复杂性，径流的年际变化还是比较大的，变差系数Cv值在0.13～0.38，察汗乌苏河Cv值高达0.55，径流变差系数Cv值总的分布趋势是由南向西北递增。

②在州内东北部河川径流亦是年内分配不均。河流在汛期6—9月的径流量大，占全年径流量的73.4%～81.7%，仅吉尔门河多年平均的汛期径

流量稍小，但仍占全年的62.6%。主要河流径流量的年际变化也较大，变差系数 Cv 值在 $0.25 \sim 0.50$，径流变差系数 Cv 值总的分布趋势是由北向南递增，亦与补给和气候变化的复杂性有关。

4.地下水

（1）地下水的分布规律。柴达木盆地地下水可分为山区基岩地下水、平原区松散岩类孔隙水和第三系油田水。

山区基岩地下水分别贮存在碎屑岩类、碳酸盐岩类、变质岩类和岩浆岩类岩层中；在高寒地区，还有多年冻土区地下水。平原区地下水，主要是松散岩类的孔隙淡潜水和承压自流水，由于开采条件好，是工农牧业供水的水源地。第三系油田水（包括第四系咸水），虽然在柴达木盆地西部分布较广，但无供水意义。

平原区地下水的分布从四周山边向盆地中心地带过渡，呈现出与地貌—岩相变化相一致的水平分布规律。可概括为：山前冲洪积扇强渗透淡至微咸潜水深藏带，冲洪积平原等渗透微咸至咸潜水与淡至微咸承压自流水交叠带，湖沼低地咸潜水与咸承压自流水汇集带。在冲洪积扇中上部的含水层多为厚层粗颗粒碎屑物，至冲洪积扇的中下部则逐渐变为多层的粗细碎屑物互层；含水层由单一变为多层，由无压潜水逐渐变为承压自流水；水量由大变小，水质由淡变咸。

位于北部苏干湖地区、马海湖地区、德令哈盆地区及希赛盆地区等，其地下水因受各山间盆地规模的控制，多以湖泊为中心呈环状分布。

（2）地下水埋深分布规律。柴达木盆地区山前平原地下水埋藏深度与地形有关。离山体越近，潜水埋藏越深，为深藏带；远离山体，逐渐变浅直到溢出地面，当地下水未溢出地面为浅藏带，溢出后为沼泽湿地带。地下水埋深等值线大致与山体呈平行分布。

（3）地表水、地下水的转换关系。柴达木盆地中的河川径流和地下径流主要由山区河川径流的山前潜流所补给，并多次发生地表水和地下水的互相转化现象，是我国西北干旱内陆盆地水文地质特点之一。河水流出山口后，以垂直渗漏的形式大量补给分布在山前径流条件极好的松散岩层，而形成地下水。地下水在运动中，受多种因素的影响和控制，一部分地下水以泉水形式溢出地表，再次成为地表水；一部分地下水由潜水层过渡为承压自流水后，又以越流形式直接补给湖水。山区地下水主要以河川基流、河床潜流与基岩裂隙水（侧向补给）的形式进入平原区，成为平原区的地表径流或地下径流，而地表径流又以垂直渗漏的形式大量补给平原区地下水。因此，不仅地表水与地下水之间有多次的互相转化和重复关系，而且山区的地下水和平原区的地下水之间也存在着复杂的转换和重复关系。

5.**湖泊**

海西州湖泊众多，成因复杂。按湖水矿化度小于2克/升、2～35克/升、大于35克/升的标准，分为淡水湖、咸水湖和盐湖，现分区论述。

（1）柴达木盆地的湖泊中，计入境外玛多县内的、系海西州都兰县香日德河上游水源约格柔曲以上之冬给措纳湖（又名托索湖，是淡水湖，面积253.0千米^2，估算储量75.28亿米^3）在内，合计1～341.30千米^{2}湖泊数量为42个，面积1 967.7千米^2，估算的总储量为106.93亿米^3（其中淡水89.84亿米^3）。在湖泊类型划分上，淡水湖15个，面积476.9千米^2；咸水湖6个，面积322.3千米^2；盐湖21个，面积11 168.5千米^2。

（2）东北部地区，1.88～603.28千米^{2}的湖泊共5个，面积617.91千米^2。其中淡水湖泊3个（即苏里的措纳日阿马、阳康的措隆卡、木里的措喀莫日），面积112.75千米^2；咸水湖泊2个（即哈拉湖、阳康的音德尔盐湖），面积605.16千米^2。哈拉湖面积最大，为606.06千米^2。

（3）最东部茶卡盆地，湖泊有茶卡盐湖，面积119.37千米^2。海西州盐湖数量多，种类复杂，储量巨大，闻名于世，蒙语"柴达木"即为"盐泽"之意，而藏族则将"盐池"叫"茶卡"。池盐及钾、镁、锂等盐类资源丰富，储量均居全国首位，柴达木盆地具有发展成为我国主要盐化工业基地的资源基础。

淡水湖主要分布在昆仑山北麓海拔4 000米以上的水系源流区，湖水较深，储量较大，多为外泄湖或吞吐湖。对流入柴达木盆地内的河流具有一定的调节作用，如香日德河源的托索湖、阿拉湖，格尔木河源的黑海、卡巴纽尔多湖等，采取适当的工程措施后，即可具有大型水库的调蓄能力。香日德农场在托索湖口建闸，调节控制香日德河的天然径流，对保证灌溉季节的用水起到了很好的作用。在这些湖泊中均有鱼类生存，且湖区周围水草丰美，为良好牧场，动植物资源也很丰富。

6.冰川

冰川是陆地上重要水体之一。在海西州的高山地区，广泛分布有现代冰川，形成了巨大的"高山固体水库"，成为海西州一些主要河流的最初水源和径流的重要补给来源。

海西州现代冰川总面积3 255.1千米^2，冰川年蚀水量占整个河川径流补给总量的20%。冰川主要分布在祁连山、阿尔金山的南坡、昆仑山的北坡及唐古拉山乡，对哈尔腾河、鱼卡河、塔塔棱河、那棱格勒河、格尔木河、香日德河、巴音河等主要河流均有明显的补给作用。由于冰川到冰舌末端的融化，历时很长，其冰川径流调节了多年的降水变化，故冰川融水补给比重较大的一些河流，其径流的年际变化就会小一些，同时在干旱年份又会因升温而使冰川融水值增加，从而使河川得到较大的径流补给，使河流水源不绝，更不会枯竭，这就是冰川之固体水库作用，为河川水源利用提供了有利条件，为柴达木盆地工农牧业生产与人类生活提供了保证。

三、草地资源

海西州土地辽阔，草场资源丰富，畜牧业生产历史悠久，发展草原畜牧业生产具有不少的优越条件。

（一）草场类型

草场分类的方法有多种，采用我国常用的植被—地形学分类法，将草场划分为类、组、型3级。据上述分类原则及标准，海西州的天然草场可分为6个类，7个亚类，19个草场组，50个草场型。

（二）草场类型简介

1.高寒干草原类

高寒干草原是在高海拔地区，受寒冷、半干旱气候条件影响而发育起来的一类草场。它主要以耐寒抗旱的丛生禾草为建群种，在青藏高原上具有地带性分布的特征。主要分布在柴达木盆地南沿的昆仑山地，北沿祁连山西段的党河南山及大哈尔腾、小哈尔腾、牙马图，唐古拉山乡沱沱河一带。常占据着干旱山地阳坡、宽谷、高原湖盆外缘，洪积—冲积扇及河流高阶地。高寒草原草场面积4 071.51万亩，占全州草场面积的28.36%，其中草场可利用面积3 346.41万亩，占全州草场可利用面积的31.43%，是海西州重要的天然放牧场之一。该类草场平均亩产鲜草70.04千克，其中亩产可食鲜草62.65千克，共产可食鲜草209 647.51万千克。

2.山地干草原类

山地干草原是在温暖、半干旱气候条件下发育起来的一类草场，以旱生多年生丛生禾草为建群种，属于地带性植被类型。主要分布在铜普、蓄集、茶卡、阿拉洪沟、陶斯图、耗牛山、阿里阿克、巴音郭勒、肯德隆、野马滩、花儿地、二郎洞、尕河、那日根、夏日格曲、伊克陶力、贡卡休玛、天峻沟、色木次未合等地的山地阳坡、丘陵、宽谷、冲积扇和滩地上。本类草场面积1 088.26万亩，占全州草场面积的7.58%，其中草场可利用面积814.20万亩，占全州草场可利用面积的7.65%。亩产鲜草116.97千克，其中亩产可食鲜草113.90千克，共产可食鲜草92 735.45万千克。

3.高寒荒漠类

高寒荒漠类是受大陆性高原气候的影响，在寒冷、极干的条件下发育起来的一类草场。由于气温低，降水少，自然条件严酷，植物种类少，以耐寒超旱生的植物为优势种，其他植物多以莲座状、半莲座状、垫状为常见，而且叶片多密披绒毛或肉质化。该类草场是高寒、极干旱地区所特有的植被类型，具有地带性的分布特征，见于祁连山西段的湖畔及周围山地、坡麓。草场面积9.45万亩，占全州草场面积的0.07%，其中可利用草场面积4.73万亩，占全州草场可利用面积的0.04%。该类草场产量低，平均亩产鲜草76.4千克，其中亩产可食鲜草73.32千克，可食鲜草总贮量为346.80万千克。

4.山地荒漠类

山地荒漠类是在典型大陆性气候条件下发育起来的一类草地，属于温性荒漠。海西州的山地荒漠与新疆、甘肃的荒漠类草场相连，是我国西北地区温带荒漠的组成部分，同属地带性植被类型。主要分布在柴达木盆地南部山地阴坡下部，盆地内乌图美仁至诺木洪的沙丘细土带，都兰县察汗乌苏、夏日哈、巴隆一带固定沙丘上，茶卡盆地及怀头他拉山前缓坡带等。本类草场面积2 846.03万亩，占全州草场面积的19.82%，其中可利用草场面积1 495.67万亩，占全州可利用草场面积的14.05%。

5.高寒草甸类

高寒草甸是在高海拔地区，由耐寒的多年生中生植物组成的一类草地，广泛地分布在气候冷湿的山地和高原面上，是我国特有的植被类型。

本类草场面积4 653.99万亩，占全州草场面积的32.41%，其中可利用草场面积3 794.17万亩，占全州可利用草场面积的35.63%。本类平均亩产鲜草89.85千克，其中可食鲜草79.72千克，共产可食鲜草302 467.35万千克。

6.山地草甸类

山地草甸类属非地带性植被，是在局部地区土壤水分丰富或含有盐分条件下发育起来的一类草场，海拔3 000米左右。本类草场面积1 688.46万亩，占全州草场面积的11.76%，其中可利用草场面积1 192.18万亩，占全州可利用草场面积的11.20%。平均亩产鲜草159.14千克，其中可食鲜草151.66千克，总产草量180 802.86万千克。

四、旅游资源

海西州旅游资源类型丰富，世界屋脊和深居内陆的地理环境造就了区域独具特色的自然风光和人文景观。海西州域内神奇水上雅丹、天空之境高原盐湖、神圣柴达木精神、神秘雪山冰峰、异域风情的多民族文化等旅游资源保持了原始风貌，景观独特、奇美、神秘，是发展登山旅游、生态旅游、科考旅游、文化旅游、探险旅游、宗教朝觐和多元民族文化体验旅游的理想胜地，也是我国旅游向西部转移的一个新增长极。

长江源头、雅丹地貌、茫茫戈壁、海市蜃楼、千年冰川、万丈盐桥、昆仑山道教圣地、西王母瑶池、二郎神洞、可可西里自然保护区、吐蕃墓葬群、"天空之镜"和"天空壹号"茶卡盐湖等闻名遐迩，为旅游资源的深度开发引来源头活水。

五、矿产资源

海西州域内成矿地质条件优越，由北向南分布有4条重要Ⅲ级成矿带，分别是：中南祁连成矿带，分布于海西州天峻县，是青海省主要的成煤带；柴北缘成矿带，分布于茫崖市、大柴旦行委，是青海省重要的煤、铅、锌、金、石棉成矿带；柴达木盆地石油、天然气、盐湖资源成矿带，分布于格尔木市、茫崖市、大柴旦行委、都兰县、乌兰县等地区；东昆仑成矿带，分布于茫崖市、格尔木市、都兰县等地区，是青海省及全国重要的铁、铜、铅、锌、镍、钼、金等金属矿产成矿带。多元的成矿条件，造就了海西州矿产资源呈现出矿种多，种类齐全，资源配套性好，大中型矿床多，分布集中，矿床共伴生组分多，部分矿产的资源储量在全省或全国优势突出的特点。

一是能源矿产、黑色金属矿产、有色金属矿产、贵金属矿产、化工原料及建材非金属矿产均有分布。

二是大中型矿床相对青海省内其他州域较多，分布较为集中，如煤炭资源集中分布于江仓、聚乎更、鱼卡三个大型矿区中，金属矿产集中分布于祁漫塔格、大柴旦行委及都兰县地区，油气及盐湖资源集中分布于盆地内等。

三是盐湖矿床、有色金属矿床中共伴生有益组分多。

四是以钾盐为代表的盐湖矿产在全国具有资源储量的绝对优势，石油、天然气、煤炭、岩金、铅、锌、镍、铁矿、石棉、各类石灰岩等矿产在省内具有绝对优势或优势明显；海西州查明有资源储量的矿产有90种，占全省109种查明有资源储量矿种的82.57%，其中编入《青海省矿产资源储量简表（截至2018年）》有66种（不含石油、天然气）。其中能源矿产1种，占全省的比例为50.00%；黑色金属4种，占全省的比例为100.00%；有色金属10种，占全省的比例为83.33%；贵金属2种，占全省的比例为40.00%；稀有、稀散、分散元素7种，占全省的比例为70.00%；冶金原料非金属矿产4种，占全省的比例为80.00%；化工原料非金属矿产15种，占全省的比例为88.24%；建材非金属矿产20种，占全省的比例为64.52%；水气矿产3种，占全省的比例为100.00%。

第二节　气候生态环境灾害特点

一、气候特点

海西州地域辽阔，地貌复杂，主要由柴达木盆地、祁连山山地、昆仑山山地、唐古拉山山地等地理单元组成。盆地与山地之间形成了两种截然不同的气候特征。

柴达木盆地深居欧亚大陆腹地，由于有南北两侧大山的屏障，西南暖湿气流受到喜马拉雅山、昆仑山、唐古拉山的层层阻挡，不易到达盆地上空形成降水云系，因而降水稀少，气候干旱。柴达木盆地是海西州气温较高的地方，热量条件较好，在最热的7月，平均气温14～16℃。夏季无酷暑，四季不分明是柴达木盆地的气候特征。

盆地四周山地地势高峻，气候寒冷，年平均气温多在0℃以下。祁连山的木里地区气温低，年平均−5.3℃；即使在最热的7月，也只有5.6～10.4℃，昆仑山和唐古拉山乡低于9℃。因此这些地区是长冬无夏，春秋相连。但光照充足，雨热同季，适于牧草生长。

根据全州的气候区划资料，各地多年平均气象要素见表3-3。

境内的气候具有以下特点：

（一）光照充足，太阳辐射强

海西州为全国日照高值区之一，特别是在农作物和牧草生长季，平均日照时数为8～9小时，晴天可达10小时以上。各地年日照时数在2 869～3 568小时，日照百分率一般在70%，冷湖地区达80%。

海西州太阳辐射强，柴达木盆地年辐射量一般接近或超过700千焦/厘米²，是我国太阳辐射资源丰富地区之一；年辐射量自西向东逐渐递减，冷湖地区年辐射量可高达742千焦/厘米²，天峻、乌兰年辐射量最低，为618～680.8千焦/厘米²。山地年辐射量少于盆地，为628.7～672.0千焦/厘米²。

（二）降水稀少，气候干燥

盆地东部年降水量在190毫米左右，年蒸发力达1 000毫米左右，年湿润系数在0.21左右，年平均相对湿度在40%左右，为干旱半干旱地区；盆地西部年降水量在100毫米以下，最少的是冷湖，为16.8毫米，但年蒸发力却达1 200毫米以上，年湿润系数多在0.05以下，年平均相对湿度不高于35%，为干旱荒漠地区。山地随着海拔的增加，降水量增多，年降水量在250毫米以上。境内的降水量多集中在5—9月，约占全年降水量的90%。

表3-3 海西州气象要素

气象站	海拔高度（米）	年平均气温（℃）	气温年较差（℃）	>0℃积温（℃）	农作物生长季（天）	年平均降水量（毫米）	年平均蒸发力（毫米）	湿润系数	年平均风速（米/秒）	日照时数（小时/年）	年太阳辐射量（千焦/厘米²）
格尔木	2 208	4.4	28.1	2 591.1	192	40.7	1 111.2	0.05	3.0	3 092	699
德令哈	2 982	3.7	26.9	2 364.0	173	186.9	1 018.6	0.22	2.5	3 150	704
茫崖	3 138	1.4	25.8	1 811.2	164	51.1	1 171.2	0.06	5.0	3 352	713
乌兰	2 950	3.3	26.2	2 240.9	170	196.1			3.1	3 008	618
都兰	3 191	2.8	25.2	2 039.7	182	183.4	957.7	0.24	2.9	3 097	707
天峻	3 417	−1.4	25.1	1 217.8		330.6	748.8	0.61	4.0	3 002	629
大柴旦	3 173	1.3	29.1	1 956.6	159	84.4	898.7	0.11	2.1	3 130	713
蔡尔汗	2 679	5.2	29.4	2 818.7		23.8	−1 348.7	0.02	4.3	3 178	707
诺木洪	2 790	4.5	27.3	2 560.1	192	41.2	1 156.5	0.05	3.5	3 233	725
香日德	2 905	3.9	25.7	2 320.0	193	173.4	1 044.5	0.21	3.4	2 960	688
冷湖	2 733	2.7	30.0	2 304.4	158	16.8	1 218.3	0.22	4.0	3 532	742
索卡	3 087	1.6	26.6	1 891.8	160	211.7	926.8	0.30	3.2	3 087	701
沱沱河	4 533	−4.3	24.2	741.1		278.3	766.2	0.52	4.4	2 884	672

（三）多大风和沙尘暴

海西州因受蒙古冷高压反旋气流控制，高空风向终年盛行西风，而地区风由于受地形的影响，西风环流在山地两侧转变成地方性山谷风环流，因而山地和盆地之间地方性环流盛行，是省内大风日数最多的地区。在柴达木盆地的部分地区8级及以上大风日数年最高可达105天，一般地区在30～40天，并时有沙尘暴天气发生。春季风速最大，夏季次之，秋、冬季最小。

二、灾害特点

（一）气象灾害

1.干旱

海西州春旱主要出现在3—5月，出现频率高，会延缓农作物发芽和出苗，导致幼苗萎蔫、出苗率下降，影响农作物的产量和品质；夏旱主要出现在6—8月，此时恰好是海西州农作物生长关键期，会导致农作物体内水分亏缺，影响农作物开花授粉、孕穗、抽穗等，降低农作物产量；秋旱出现在9—10月，此时大田作物收获基本完成，对农作物的危害较小。

2.风沙

海西州风沙天气主要出现在春、夏季，其主要特点是局地性和突发性强、持续时间短、影响范围广、造成的损失严重。若大风天气出现在春季，会导致农作物种子裸露在地面，轻则影响出苗率，重则需要重新播种，不仅延误春耕播种的进度，还会增加耕地沙化的面积。夏季大风对农作物的危害包括生理和机械两个方面，会导致农作物倒伏、枯萎、籽粒脱落，甚至死亡。

3.霜冻

海西州早霜冻大多出现在9月中旬至10月上旬，晚霜冻则出现在4月下旬至5月下旬。早霜冻出现时，大田作物基本收获完成，对农作物的危害较小；晚霜冻出现的时间恰好是小麦分蘖至拔节期，油菜、马铃薯、蔬菜等幼苗期以及枸杞发芽展叶期，受晚霜冻的影响较大。

4.洪涝

海西州共有大小河流逾160条，流域面积大约500千米^2，常年有水的河流逾40条。境内洪涝灾害主要是由降水量多、降水强度大或持续时间长引起，其季节性和区域性特征较明显。洪涝灾害出现时会冲刷农田、毁坏庄稼，降低农作物的产量和品质；破坏农牧业生产和农业基础设施；危害人畜安全；加剧水土流失、土壤贫瘠，提升地下水位，导致土地盐渍化严重，破坏农业生态环境。

5.冰雹

海西州大部分地区的冰雹灾害出现在4—10月，6—9月为冰雹天气的多发期，冰雹出现时常伴随有雷暴、大风等天气，与地理条件密切相关。冰雹极易砸伤人畜、毁坏禾木，造成农作物减产，甚至绝收。

（二）地质灾害

主要分布于柴达木盆地边缘地带。面积4.35万千米^2，占全省总面积的6.06%。地貌类型以中山、山前戈壁砾石带为主，地势开阔平缓。地层岩性以片理化侵入岩、火山岩和巨厚的沙砾石、沙为主体。山前带沟谷泥石流为该区地质灾害的主要灾种。虽然盆地气候干旱、少雨，泥石流发生的频率低，但泥石流灾害严重。

1.泥石流

泥石流在盆地内分布较广泛，主要分布于盆地内构造剥蚀低山区及构造侵蚀中高山区较大内陆水系河流下游支沟内，共发育151条，分布位置见表3-4。

表3-4　海西州泥石流分布位置

行政区域	类型划分依据	划分结果	分布数量	主要分布区域
格尔木市	按物质组成成分	泥石流	23	主要分布于南部昆仑山基岩山区及山前地带，集中于格尔木河两岸
	按流域地貌形态	沟谷型	23	
德令哈市	按物质组成成分	泥石流	37	主要分布于北部宗务隆山区，集中于白水河、巴音河流域
	按流域地貌形态	沟谷型	37	
茫崖市	按物质组成成分	泥石流	29	主要分布于尕斯库勒湖北侧丘陵山区，阿尔金山山前老省道S305北侧为泥石流集中发育地段
	按流域地貌形态	沟谷型	29	
乌兰县	按物质组成成分	泥石流	24	主要分布于茶卡盆地、希沟里—赛什克盆地一线以北构造剥蚀低山丘陵区及构造侵蚀中高山区
		水石流	1	
	按流域地貌形态	沟谷型	25	

（续）

行政区域	类型划分依据	划分结果	分布数量	主要分布区域
都兰县	按物质组成成分	泥石流	20	主要分布于山前冲洪积地带及山间沟谷，集中于香日德镇、香加乡及宗加镇
		水石流	1	
	按流域地貌形态	沟谷型	21	
天峻县	按物质组成成分	泥石流	37	从空间上看，泥石流灾害主要分布于苏里乡、阳康乡及新源镇，一般形成区位于支沟下游
	按流域地貌形态	沟谷型	37	
大柴旦行委	按物质组成成分	泥石流	15	主要分布在国道G215青山、嗷唠山段及国道G315柴达木山、库尔雷克山段
		泥流	1	
	按流域地貌形态	沟谷型	16	

注：数据来源于各级自然资源局，包括所有收集到的数据，含已经治理好的泥石流数据。

2.盐湖盐溶塌陷灾害

柴达木盆地西北自尕斯库勒湖—冷湖，东南至团结湖—柯柯盐湖，分布着39个卤水湖及石盐滩地，总面积约3.18万千米^2。天然条件下，石盐层受盆地周边上部潜水的接触溶蚀和下部承压水的天窗通道溶解，形成塌陷溶蚀沟和溶洞。盆地石盐层塌陷溶蚀沟槽和溶洞群发育区（带）主要分布在尕斯库勒湖东南、昆特依盐湖北部和依克柴达木湖东岸以及达布逊湖北岸—北、南霍布逊湖东部干盐滩区。盆地盐湖盐溶塌陷对建筑工程的危害，主要表现为路基的塌陷灾害，如敦煌至格尔木公路和青藏铁路在通过察尔汗盐湖干盐滩区时，都曾对路基的盐溶塌陷进行过反复整治。

3.沙漠风蚀沙埋灾害

柴达木盆地沙漠面积为2.54万千米^2，占全省沙漠面积的54.9%，其中流动沙丘1.53万千米^2，占全省流动沙丘面积的62.4%。区内沙漠的沙丘移动，一方面掩埋沙漠绿洲的农田、牧草地和村舍、渠道、公路，另一方面使穿越其间的国道、省道和青藏铁路普遍出现沙埋线路、沙蚀路基、线路积沙、扬沙、阻塞桥涵等沙害现象。

第三节　比较优势与限制因素

一、比较优势

（一）生态地位重要

当前，海西州肩负着生态保护和经济发展的双重使命和责任，在为全省经济社会发展提供强有力支撑的同时，又要筑起体现海西州价值、潜力、责任的生态高地。然而面对资源约束趋紧、生态系统退化的严峻形势，海西州生态好坏既关乎海西州人民福祉，又关乎青海未来发展的长远大计。

（二）资源优势突出

1.矿产资源得天独厚

海西州境域主体为柴达木盆地，盆地总面积25.66万千米²。柴达木盆地及其周边素有中国"聚宝盆"之美称。丰富的盐湖资源、石油、天然气、煤炭、铅锌、黄金、石棉及多种非金属矿产在全省以至全国都有突出地位。钾盐、镁盐、芒硝、锂矿、锶矿、石棉、电石用石灰岩等7种矿产居全国各省首位，还有近30种矿产保有储量居全国前10位。

2.风力与日照资源丰富

海西州日照资源丰富且有大量戈壁滩等未利用地，土地资源广阔，光伏发电、太阳能光热发电、风电等新能源开发条件好，亦有建设一定规模的抽水蓄能电站的资源条件，具备光伏、光热、风电、抽蓄等多能互补的基础条件。根据青海省相关规划，"十四五"末海西州地区拟建成光伏约14 000兆瓦、光热约9 000兆瓦、风电约4 000兆瓦、抽水蓄能2 400兆瓦，并拟通过直流特高压外送通道将可再生能源外送。

（1）日照。海西州地区太阳辐射强，日照时数多，全州太阳能总辐射量在6 600～7 200兆焦/米²，是全省辐射量最多的地区，也是青海省年日照百分率最大的地区，年日照时数在3 000～3 400小时。

（2）风能。海西州风能资源储量十分丰富，大部分地区属于可开发区域，其中以格尔木市至都兰一线、冷湖、芒崖地区资源最具备开发条件，

年风功率密度在150 ～ 300瓦/米^2，风速在5.5 ～ 7米/秒，利用小时数在
1 800 ～ 2 500小时。

（三）交通枢纽作用突出

海西州地区对于青海省乃至整个西部地区，交通运输功能都具有特殊
的重要的意义。交通是经济运行的关键环节之一，剖析海西州的交通运输
有助于了解海西州交通运输现状，更好地推进当地社会经济发展。仅从铁
路方面看，截至2019年，海西州铁路发送货物2 136万吨，同比增加270
万吨，增幅12.6%，其铁路运力增量占全青海省增量的80%。

（四）旅游产业快速增长

近几年海西州旅游业再创佳绩，实现旅游人次和收入"双增长"，旅
游经济呈现出稳中向好态势。依托柴达木丰富的地热资源，刚刚建成仅两
年的大柴旦雪山温泉，目前年接待能力突破6万人次，收入700万元。不
仅在促进柴旦镇就业、产业扶贫方面发挥着重要作用，而且成为青海省旅
游一道亮丽的风景线。与此同时，海西州的旅游项目建设不断推进。全州
上下发展旅游的意识不断增强，加大景区景点和基础设施建设力度，各地
共实施58个旅游项目，完成固定资产投资29亿元，是2016年的4倍，一
批景区景点和基础设施建设得到加强。经过各级相关部门的不懈努力，截
至2017年底，海西州共接待游客1 545万人次，增长40%，收入突破100
亿元，增速居全省第一。

（五）盐湖循环经济发展迅速

西部大开发战略实施以来，海西州盐湖资源开发提速，盐湖化工已成
为海西州重要的支柱产业。多年来，海西州始终坚持以循环经济试验区建
设为载体，以供给侧结构性改革为抓手，加快传统产业改造升级，不断壮
大工业经济总量，初步形成以盐湖化工为核心的循环经济主导产业体。

为了进一步整合资源，充分发挥各主要盐湖化工企业的比较优势，
延伸产业链，形成产业集群，海西州建立国家盐湖特色材料高新技术产
业化基地，该基地将促进资源的综合开发和循环利用，优化产业产品结
构，提高自主创新能力，推进创新型海西州建设。盐湖循环经济产业链，
产品紧紧相扣，副产品充分利用，既环保又附加值高，完全符合循环经
济的要求。

二、限制因素

（一）气候条件较差，农牧业生产基础薄弱

农牧业是海西州经济发展的基础，但其特殊的自然地理环境造成该地区农牧业并不发达。海西州气候独特，四季不分明，日照时间长，太阳辐射强，昼夜温差大，属典型的高原大陆性气候。境内雪灾、霜灾、旱灾等自然灾害频繁，对农牧业生产造成很大的影响。而且农牧区基础设施建设滞后、自然环境恶劣等原因导致农牧业生产抗御自然灾害的能力差，尚未改变靠天吃饭的被动局面。

（二）地方高等教育发展缓慢，对地方经济发展智力支撑不足

海西州是多民族聚居的自治州之一，近年来，在国家大力支持下，地区教育得到了较大发展，为海西州社会经济发展和社会稳定作出了重要贡献。然而，由于受自然条件、历史原因、经济发展水平以及城乡二元结构、地区发展差异等因素的影响，海西州教育事业发展缓慢，海西州只有一个大专院校。要想进一步促进整体社会经济的发展，就必须具备更加充足的高素质人才的支持和保障，通过地方教育工作的开展，可以让劳动者自身的综合素质得到一定的提升，同时也能够更好地对一些新技术成果进行应用，这对于社会经济的发展来说，是十分有必要的智力支持。

（三）资源性产业对外依存度高，升级艰难

资源性产业层次低、结构优化整体成效差，产品升级困难。当前，海西州工业经济发展仍处于初级阶段，石油、煤炭、有色金属等资源型支柱产业链紧密度和关联度不高，"原"字头和初级产品居多，占到工业增加值的65%以上，产业附加值较低，处于价值链低端，抵御市场风险的能力较弱。除此之外，结构调整的方向和升级重点还不够突出，产业布局还没有大的变化，产业的质量和效益提高不明显。忽视培育品牌，对一些具有市场竞争能力的优质、珍稀、特色产业扶持开发不够，尚未形成规模经济，导致产业升级困难。

（四）水资源紧缺，地区社会经济发展缺口较大

水是生命之源、生产之要、生态之基，是海西州宝贵、稀缺的资源。海西州水资源总量116.55亿米^3，每平方千米产水量3.88万米^3，是全省平

均水平的44.3%，全国平均水平的13.3%。盆地多年平均水资源总量55.88亿米^3，水资源可利用量18.74亿米^3，可利用率33.54%，每平方千米产水量1.99万米^3，不足全省平均水平的1/4，仅为全国平均水平的1/16。而整个海西州保护生态、发展农业、提升工业都需要较多的水。

（五）人口总量较少，增长缓慢

2020年海西州常住人口为46.85万人，同比下降0.6%。按城乡分，城镇人口30.9万人，占总人口的比重（常住人口城镇化率）为76.56%，同比提高0.03个百分点；乡村人口15.95万人，同比下降1.6%。户籍人口40.36万人，同比下降0.1%。户籍人口中，城镇人口27.91万人，占总人口的比重（户籍人口城镇化率）为69.15%，同比提高0.09个百分点；乡村人口12.45万人，同比下降0.3%。男性人口20.48万人，同比下降0.1%；女性人口19.88万人。户籍人口出生率11.03‰，同比增长0.95个千分点；死亡率5.87‰，同比增长0.49个千分点；人口自然增长率5.16‰，同比增长0.46个千分点。

第四章　本底评价

目前，生态系统服务功能采用的评估方法主要有模型评估法和净初级生产力（*NPP*）定量指标评估法。其中，模型评估法所需参数较多，对数据需求量较大，准确度较高；定量指标法以*NPP*数据为主，参数较少，操作较为简单，但其适用范围具有地域性。为提高评估结论的准确性以及与实地的相符性，评估方法的参数选取可在评估过程进行适当调整和细化，尽可能采用国内权威的、分辨率更高的基础数据。评估结果还需根据实地观测、调查结果进一步校验。鉴于国家发展改革委在资源环境承载力评估中使用的方法为模型法，为保持评估结果的一致性，优先使用模型法，其他方法为补充。

第一节　生态保护重要性评价

对生态系统分别进行生态重要性评价与生态脆弱性评价。取生态系统服务功能重要性和生态脆弱性评价结果的较高等级作为生态保护重要性等级的初判结果。生态系统服务功能极重要区和生态极脆弱区确定为生态保护极重要区，其余地区确定为生态保护重要区。生态重要性方面进行水源涵养、水土保持、生物多样性维护、防风固沙四个方面的功能重要性评价，取其最高等级为生态系统服务功能重要性等级。生态脆弱性方面进行水土流失、土地沙化两方面的评价，取其最高级为生态脆弱性等级。开展生态系统服务功能重要性和生态脆弱性评价，集成得到生态保护重要性，识别生态保护极重要区和重要区。其技术路线图如图4-1所示。

水源涵养、水土保持、生物多样性维护、防风固沙等生态系统服务功能越重要，水土流失、土地沙化及沙源流失等生态脆弱性越高且生态系统完整性越好、生态廊道的连通性越好，生态保护重要性等级越高。

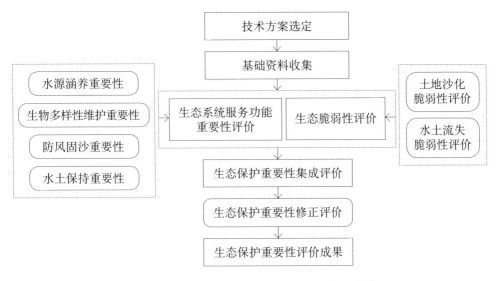

图4-1 海西州生态保护重要性评价技术路线

一、生态保护重要性评价过程

（一）生态系统服务功能重要性

评价水源涵养、水土保持、生物多样性维护、防风固沙等生态系统服务功能重要性，取各项结果的最高等级作为生态系统服务功能重要性等级。

$$\begin{array}{l}生态系统服务\\功能重要性\end{array} = \begin{array}{l}Max（生物多样性维护重要性，水\\源涵养重要性，水土保持重要性，\\防风固沙重要性）\end{array} \quad (4\text{-}1)$$

1.水源涵养功能重要性

（1）模型法。水源涵养是生态系统（如森林、草地等）通过其特有的结构与水相互作用，对降水进行截留、渗透、蓄积，并通过蒸散发实现对水流、水循环的调控，主要表现在缓和地表径流、补充地下水、减缓河流流量的季节波动、滞洪补枯、保证水质等方面。以水源涵养量作为生态系统水源涵养功能的评估指标。

通过降水量减去蒸散量和地表径流量得到的水源涵养量，评价生态系统水源涵养功能的相对重要程度。降水量大于蒸散量较多，且地表径流量较小的区域，水源涵养功能重要性较强。森林、灌丛、草地和湿地生态系统质量较高的区域，由于地表径流量小，水源涵养功能较强。一般地，将累积水源涵养量最高的前50%区域确定为水源涵养极重要区。在此基础上，结合大江大河源头区、饮用水水源地等边界进行适当修正。具体计算公式如下：

$$水源涵养量（TQ）= \sum_i^j (P_i - R_i - ET_i) \times A_i \times 10^3 \qquad (4\text{-}2)$$

式中，P_i 为降水量（毫米），R_i 为地表径流量（毫米），ET_i 为蒸散发量（毫米），A_i 为 i 类生态系统面积（千米²），i 为研究区第 i 类生态系统类型，j 为研究区生态系统类型数。

降水量（P_i）和蒸散发量（ET_i）根据实测数据利用空间插值求得数值，地表径流量（R_i）通过公式计算求得：

$$地表径流量（R_i）= P_i \times \alpha \qquad (4\text{-}3)$$

式中，α 为平均地表径流系数，按地表生态系统类型计算。各生态系统类型平均地表径流系数如表4-1所示。

表4-1 各类型生态系统地表径流系数均值

生态系统类型1	生态系统类型2	平均地表径流系数（%）
森林	常绿阔叶林	2.67
	常绿针叶林	3.02
	针阔混交林	2.29
	落叶阔叶林	1.33
	落叶针叶林	0.88
	稀疏林	19.20
灌丛	常绿阔叶灌丛	4.26
	落叶阔叶灌丛	4.17
	针叶灌丛	4.17
	稀疏灌丛	19.20
草地	草甸	8.20
	草原	4.78
	草丛	9.37
	稀疏草地	18.27

（续）

生态系统类型1	生态系统类型2	平均地表径流系数（%）
湿地	湿地	0.00
农田	乔木园地	9.57
	灌木园地	7.90
	水田	34.70
	旱地	49.69
其他	建设用地	100.00
	裸地	100.00

（2）NPP定量指标评估方法。以生态系统水源涵养服务能力指数作为评估指标，计算公式为：

$$WR = NPP_{mean} \times Fsic \times Fpre \times （1-Fslo）\qquad (4-4)$$

式中，WR为生态系统水源涵养服务能力指数，NPP_{mean}为多年植被净初级生产力平均值，Fsic为土壤渗流因子，Fpre为多年平均降水量因子，Fslo为坡度因子。

2.水土保持功能重要性

（1）模型法。水土保持是生态系统（如森林、草地等）通过其结构与过程减少水蚀所导致的土壤侵蚀的作用，是生态系统提供的重要调节服务之一。水土保持功能主要与气候、土壤、地形和植被有关。以水土保持量，即潜在土壤侵蚀量与实际土壤侵蚀量的差值，作为生态系统水土保持功能的评估指标。

通过生态系统类型、植被覆盖度和地形特征的差异，评价生态系统土壤保持功能的相对重要程度。一般地，森林、灌丛、草地生态系统土壤保持功能较强，植被覆盖度越高、坡度越大的区域，土壤保持功能重要性越强。

将坡度不小于25°且植被覆盖度不小于80%的森林、灌丛和草地确定为水土保持极重要区；在此范围外，将坡度不小于15°且植被覆盖度不小于60%的森林、灌丛和草地确定为水土保持重要区。不同地区可对分级标准进行适当调整，同时结合水土保持相关规划和专项成果，对结果进行适当修正。

（2）NPP定量指标评估方法。以生态系统水土保持服务能力指数作为评估指标，计算公式为：

$$Spro = NPP_{mean} \times (1-K) \times (1-Fslo) \tag{4-5}$$

式中，$Spro$ 为水土保持服务能力指数，NPP_{mean} 为多年植被净初级生产力平均值，$Fslo$ 为坡度因子，K 为土壤可蚀性因子。

海西州水土保持评价结果如图4-2所示。

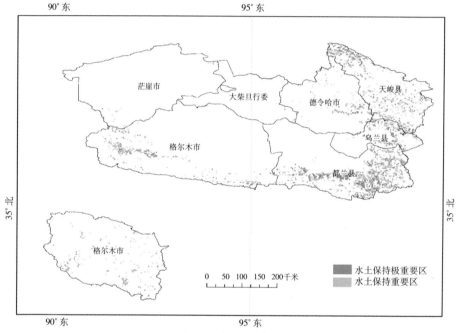

图4-2　海西州水土保持评价结果

3.生物多样性维护功能重要性

生物多样性维护功能是生态系统在维持基因、物种、生态系统多样性发挥的作用，是生态系统提供的最主要功能之一。生物多样性维护功能与珍稀濒危和特有动植物的分布丰富程度密切相关，主要以国家一、二级保护物种和其他具有重要保护价值的物种（含旗舰物种）作为生物多样性维护功能的评估指标。

海西州的生物多样性维护功能重要性从生态系统、物种和遗传资源三个层次进行评价。

在生态系统层次，将原真性和完整性高，需优先保护的森林、灌丛、草地、内陆湿地、荒漠等生态系统评定为生物多样性维护极重要区（表4-2）；其他需保护的生态系统评定为生物多样性维护重要区。

表4-2　优先保护生态系统目录

生态系统	名　录
森林	寒温性针叶林：兴安落叶松林、西伯利亚落叶松林、红杉林、西藏红杉林、岷江冷杉林、川滇冷杉林、丽江云杉林、云杉林、川西云杉林、紫果云杉林、油麦吊杉林、樟子松林、大果圆柏林、祁连圆柏林、方枝柏林； 温性针叶林：油松林、白皮松林、华山松林、高山松林、台湾松林、巴山松林、侧柏林、柳杉林、红松林、红松—硕桦林； 暖性针叶林：水杉林、马尾松林、云南松林、细叶云南松林、思茅松林、滇油杉林、杉木林、银杉林、柏木林、冲天柏林； 落叶阔叶林：辽东栎林、新疆野苹果林、胡杨林、灰杨林； 常绿—落叶阔叶混交林：栓皮栎—短柄枹栎—苦槠—青冈林、麻栎—光叶栎林、细叶青冈大穗鹅耳枥林、多脉青冈—尾叶甜槠—缺萼枫香—中华槭林、水青冈—包石栎林、亮叶水青冈—小叶青冈林、青冈—铜钱树林； 常绿阔叶林：苦槠—豺皮樟—石栎林、高山栲—黄毛青冈林、元江栲—滇青冈—滇石栎林、青冈—红楠林、红楠林、木荷—云山青冈—罗浮栲林、无柄栲—厚壳桂林、刺栲—厚壳桂林、栲树—山杜英—黄檀—木荷林、润楠—罗浮栲—青冈林、瓦山栲—杯状栲—木莲林、川滇高山栎林、铁橡栎林； 季雨林：木棉—楹树林、鸡占—厚皮树林、榕树—小叶白颜树—割舌树林、榕树—香花薄桃—假苹婆林、青皮林、擎天树—海南风吹楠—方榄林； 雨林：青皮—蝴蝶树—坡垒林、狭叶坡垒—乌榄—梭子果林、云南龙脑香、长毛羯布罗香—野树菠萝—红果葱臭木林、箭毒木—龙果—橄榄林、望天树林、葱臭木—千果榄仁—细青皮林、鸡毛松—青钩栲—阴香林
灌丛	常绿针叶灌丛：高山香柏、新疆方枝柏； 常绿革叶灌丛：理塘杜鹃、密枝杜鹃； 落叶阔叶灌丛：箭叶锦鸡儿、金露梅、多枝柽柳
荒漠	梭梭荒漠、膜果麻黄荒漠、泡泡刺荒漠、沙冬青荒漠、红砂荒漠、驼绒藜荒漠、籽蒿—沙竹荒漠、稀疏柽柳荒漠、垫状驼绒藜高寒荒漠
内陆湿地	森林沼泽：兴安落叶松沼泽、长白落叶松沼泽、水松沼泽； 灌丛沼泽：绣线菊灌丛沼泽； 草丛沼泽：修氏苔草沼泽、毛果苔草沼泽、阿尔泰苔草沼泽、红穗苔沼泽、乌拉苔草沼泽、藏嵩草—苔草沼泽、藏北嵩草—苔草沼泽、芦苇沼泽、荻沼泽、狭叶甜茅沼泽、田葱沼泽、甜茅沼泽、杉叶藻沼泽、马先蒿沼泽、盐角草沼泽、柽柳沼泽、盐地碱蓬沼泽、角碱蓬沼泽

在物种层次，参考国家重点保护野生动植物名录、世界自然保护联盟（IUCN）濒危物种及中国生物多样性红色名录，确定具有重要保护价值的物种为保护目标。将极危、濒危物种的集中分布区域、极小种群野生动植物的主要分布区域，确定为生物多样性维护极重要区；将省级重点保护物种等其他具有重要保护价值物种的集中分布区域，确定为生物多样性维护重要区。

在遗传资源层次，将重要野生的农作物、水产、畜牧等种质资源的主要天然分布区域，确定为生物多样性维护极重要区。

4. 防风固沙功能重要性

防风固沙是生态系统（如森林、草地等）通过其结构与过程减少风蚀所导致的土壤侵蚀的作用，是生态系统提供的重要调节服务之一。防风固沙功能主要与风速、降雨、温度、土壤、地形和植被等因素密切相关。以防风固沙量（潜在风蚀量与实际风蚀量的差值）作为生态系统防风固沙功能的评估指标。

通过干旱、半干旱地区生态系统类型、大风天数、植被覆盖度和土壤砂粒含量，评价生态系统防风固沙功能的相对重要程度。

（1）模型法。一般森林、灌丛、草地生态系统防风固沙功能较强，大风天数较多、植被覆盖度较高、土壤砂粒含量高的区域，防风固沙功能重要性较强。将土壤砂粒含量不小于80%、大风天数不小于30天、植被覆盖度不小于30%的森林、灌丛、草地生态系统确定为防风固沙极重要区；在此范围外，大风天数不小于20天、土壤砂粒含量不小于65%、植被覆盖度不小于20%的森林、灌丛、草地生态系统确定为防风固沙重要区。不同区域可对判别因子及分级标准进行适当调整，同时可结合防沙治沙相关规划和专项成果，对结果进行适当修正。

（2）NPP定量指标评估方法。以生态系统防风固沙服务能力指数作为评估指标，计算公式为：

$$S_{ws} = NPP_{mean} \times K \times F_q \times D \tag{4-6}$$

其中

$$F_q = \frac{1}{100} \sum_{i=1}^{12} u^3 \left(\frac{ETP_i - P_i}{ETP_i} \right) \times d$$

$$ETP_i = 0.19 \, (20+T_i)^2 \times (1-r_i)$$
$$u_2 = u_1 \, (z_2/z_1)^{1/7}$$
$$D = 1/\cos\theta$$

式中，S_{ws} 为防风固沙服务能力指数，NPP_{mean} 为多年植被净初级生产力平均值，K 为土壤可蚀性因子，F_q 为多年平均气候侵蚀力，u 为2米高处的月平均风速，u_1、u_2 分别表示在 z_1、z_2 高度的风速，ETP_i 为月潜在蒸发量（毫米），P_i 为月降水量（毫米），d 为当月天数，T_i 为月平均气温，r_i 为月平均相对湿度（%），D 为地表粗糙度因子，θ 为坡度（弧度）。

海西州防风固沙评价结果如图4-3所示。

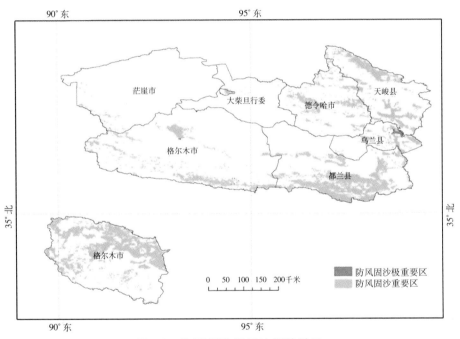

图4-3 海西州防风固沙评价结果

5.生态系统服务功能集成

根据以上四项评价求单元的最大值得到评价结果，如图4-4所示。

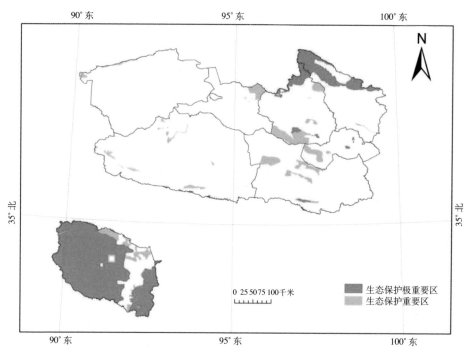

图4-4　海西州生态系统服务功能重要性分布

（二）生态脆弱性

评价水土流失、土地沙化及沙源流失等生态脆弱性，取各项结果的最高等级作为生态脆弱性等级。利用水土流失、土地沙化专项调查监测的最新成果，按照以下规则确定不同的脆弱性区域：水力侵蚀强度为剧烈和极强烈的区域确定为水土流失极脆弱区，强烈和中度的区域确定为脆弱区（图4-5）；风力侵蚀强度为剧烈和极强烈的区域确定为土地沙化极脆弱区，强烈和中度的区域确定为脆弱区。

（三）结果集成及校验

取生态系统服务功能重要性和生态脆弱性评价结果的较高等级作为生态保护重要性等级的初判结果。生态系统服务功能极重要区和生态极脆弱

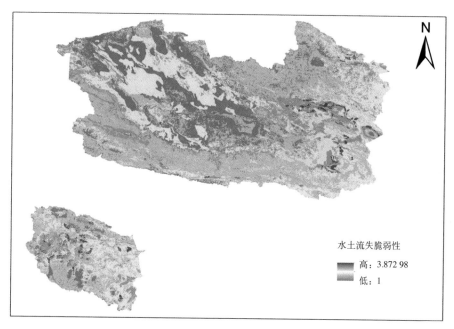

图4-5 海西州水土流失脆弱性

区共同确定为生态保护极重要区，其余重要和脆弱区共同确定为生态保护重要区。

对生态保护红线划定中按照模型法开展过评价的地区，可将初判结果与其进行校验。

根据野生动物活动监测结果和专家经验，对野生动物迁徙、洄游十分重要的生态廊道，将初判结果为重要等级的图斑调整为极重要。依据地理环境、地貌特点和生态系统完整性确定的边界，如林线、雪线、岸线、分水岭、入海河流分界线，以及生态系统分布界线，对生态保护极重要区和重要区进行边界修正。最终评价结果见图4-6、表4-3。

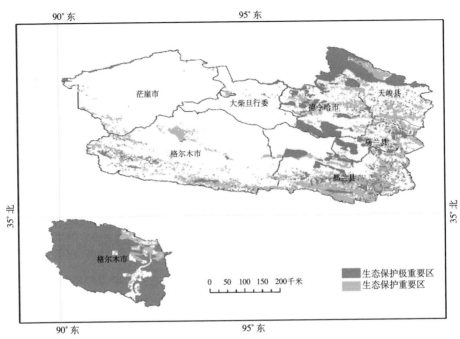

图4-6　海西州生态保护重要性评价成果

表4-3　海西州生态保护重要性评价结果汇总

区域	极重要		重要	
	面积（千米²）	比重（%）	面积（千米²）	比重（%）
格尔木市	43 083.00	63.57	9 346.51	22.25
德令哈市	10 548.20	15.56	4 646.22	11.06
茫崖市	480.34	0.71	717.76	1.71
乌兰县	2 488.89	3.67	2 675.96	6.37
都兰县	7 281.47	10.74	18 007.78	42.86
天峻县	3 655.68	5.39	6 455.00	15.36
大柴旦行委	233.37	0.34	164.15	0.39
小计	67 770.95	100.00	42 013.38	100.00

二、区域生态保护重点方向

根据生态重要性与脆弱性评价，结合自然保护地体系调查，海西州地区重要的生态功能区如表4-4所示。

表4-4　海西州重要生态功能区

保护区类型	面积（千米²）	占比（%）
国家公园	10 264.40	22.06
冰川及永久积雪	491.35	1.06
科学评估区	330.41	0.71
自然保护区	35 095.86	75.44
自然公园	341.03	0.73
保护区面积	46 523.05	100.00

三、区域生态保护主要措施

（一）优化区域生态空间格局

一是建立生态保护红线体系，生态保护红线划定的优化完善，为实施红线区生态环境现状及其变化动态监管打下了坚实的基础。二是构建国土空间规划体系，完成海西州国土空间规划编制工作，严格管控空间开发利用。三是划定生态保护与修复分区，并按照系统性、整体性原则，形成区域生态保护修复关键技术整体解决方案。四是着力推进生态红线内突出问题的解决，按照"划管结合"的原则，提出矛盾协调规则及现有冲突的处理意见。

（二）构建跨区域生态保护修复体制机制

一是建立跨区域生态环境协同保护机制。建立实施区域国土空间开发与保护"一张图"，建立跨区域生态保护与环境治理联动机制，深化区域生态环境保护协同监管，建立区域环境污染联防联控机制和预警应急体系。二是完善区域生态保护与修复推进机制。完善生态环境管理制度，加强流域生态环境综合治理，优化考核方式，建立绿色发展绩效评价指标和考核办法。三是构建市场化手段助推机制。建立多元化的生态补偿机制，加大对源头地区的补偿力度，积极推行生态保护修复区环境污染第三方治理，实行市场化运作。

第二节　农业生产适宜性与承载规模评价

农业生产适宜性评价，分别进行种植业、畜牧业适宜性评价。海西州传统的渔业资源丰富的区域如柯鲁柯湖等已经被划入生态红线范围内，并且明令禁止捕捞，所以对渔业资源不再讨论。按照农业适宜性评价指标体系和不宜耕种评价指标要求，采用"限制性因子"评价法（指标中任意一项为限制因素，则该区域为不适宜）进行适宜性评价。按照每个评价因子分别得出适宜性图斑图层，所有图层的交集为适宜区。

一、农业生产适宜性评价

（一）种植业生产适宜性评价

以水、土、光、热组合条件为基础，结合土壤环境质量、气象灾害等因素，评价种植业生产适宜程度。在海西州，所有的种植业都是绿洲灌溉农业，没有雨养田，原则上将地形坡度大于5°、土壤肥力很差（粉砂含量大或有机质少或土壤厚度太薄难以耕种）、光热条件不能满足作物一年一熟需要（≥0℃积温小于1 600℃）、土壤污染物含量大于风险管控值的区域，确定为种植业生产不适宜区。

1.种植业适宜性评价思路

（1）以水定地。海西州全部是绿洲农业，种植业适宜性评价关键在于以水定地。由于水资源和宜农土地资源分布不均衡，有地无水或有水无地的情况屡见不鲜，不能解决灌溉用水问题的地段，不宜作为种植业适宜性土地。

（2）上限热量、下限活性积盐。海西州的农业分布上限受热量条件的限制，下限受高矿化度地下水作用土壤活性积盐的限制。上限热量是指，根据气象资料分析及农业分布海拔高度，3 300米以上地区，≥0℃积温多不足1 600℃，年均气温<1℃，农作物不能正常成熟，不宜作为种植业适宜性土地。下限活性积盐是指，由于柴达木盆地是一个封闭的地形，为汇水中心，亦是盐类等化学物质汇集中心，海拔最低处2 675米，在海拔2 800米左右基本上是山前洪积扇的终止带，以下地下水位线一般3～5米，水矿化度在10～50克/升，受地下水和盐分运行的支配，土壤现代积盐活跃，发育为草甸盐土或沼泽盐土，土壤厚度0～30厘米含盐量10.9%，高者达43.98%，所以在未能有效降低地下水位之前不能垦殖。土壤的开发利用需要长期地进行综合治理和改良，此类土壤仅能作为中远期开发的宜农地。

（3）注重生态效益，综合平衡。选择可垦农地要综合、全面地考虑，注重生态效益，综合平衡，工、农、林、牧等各业协调发展，不能顾此失彼。

2.种植业适宜性的评价依据

（1）以自然因素为主，全面考虑各因素。土壤本身存在于不同的自然环境条件下，既是特定地理环境的产物，也是环境条件的组成部分。土壤的适宜性受环境条件的制约，因此评价中需根据土壤所处的环境条件、开发利用条件等因素，全面考虑各因素的内在联系，进行综合评价。

（2）突出限制性因素，注重科学性。环境条件和土壤本身对其生产力影响最大的为限制性因素，它能较好地反映土壤对农业的适宜程度和开发利用的难易程度。如水源条件、地形部位、地下水位、热量条件等，科学地确定限制因素及各因素在评价中所占的比重，正确确定评价等级是取得正确评价结果的关键。

3.评价指标及分级标准

（1）水源及灌溉条件。由于各地水资源量分布不均，遵循"以水定地"的原则，可解决水源问题为适宜，反之为不适宜。

（2）热量条件。能代表热量条件的因素很多，诸如年平均气温和≥0℃的积温等，亦有对某地区采用海拔高度来表示的。我们认为海西州≥0℃积温不小于1 600℃的地区（海拔3 300米以下），农作物春小麦、青稞、豌豆、蚕豆、油菜、马铃薯及一般蔬菜基本可以一年一熟。≥0℃积温小于1 600℃的地区，由于生长季节短，霜冻频繁，很难或根本不能进行农作物栽培。因此确定≥0℃积温不小于1 600℃适宜。

（3）地面坡度。此项为开发利用难易程度评价因素。如小诺木洪滩地面坡度较大，下段土层又薄，不仅平整的工程量大，经平整后又会有半边无土层情况，因而确定地面坡度≤5°。

（4）地下水位。地下水埋深的分级标准采用小于3米为不宜。目前地下水位小于3米者，尚不能作为种植业适宜性土地。地下水位浅，造成土壤严重的盐渍化，这是绿洲农业中出现大量弃耕地的主要原因。

（5）土层有效厚度。在盆地总结各地经验认为：在干旱、极端干旱的生态环境条件下小于30厘米土层，作物生长不良，抗性差，所以土壤层小于30厘米为不宜。

（6）土壤质地。土壤质地是植物着生的物质基础。考虑到其保水保肥性能及海西州宜农地土壤质地以壤土、砂土为主，偏黏者甚少的特点，因此拟将重、中、轻壤土划分为一级，沙壤土、轻黏土为二级，中黏土、重黏土、紧砂土为三级，松砂土、砾石土为四级。

评价因子、指标及分级条件见表4-5。

表4-5　海西州种植业适宜地评价标准

评价因子	评价指标	适宜条件	不适宜条件
水条件	水源及灌溉条件	可解决灌溉用水问题	无法解决灌溉用水问题
	地下水埋深	大于或等于3米	小于3米
土壤条件	土层有效厚度	大于或等于30厘米	小于30厘米
	土壤质地	壤土、沙壤土、轻黏土、中黏土、重黏土、紧砂土	轻沙土、砾石土、盐漠
温度条件	≥0℃的积温	大于或等于1 600℃	小于1 600℃
地形条件	海拔	小于3 300米	大于或等于3 300米
	坡度	小于或等于5°	大于5°

4.评价过程及结果

（1）水源及灌溉条件。根据海西州水资源的分布状况，全州有地无水、不具备灌溉条件的区域主要是茫崖市、乌兰县的茶卡盆地。虽然那棱格勒河水利枢纽已建成，可以向茫崖市跨区域输送部分水资源，但主要作为工业用水。茶卡盆地一方面是没有水源与灌溉条件，另一方面为了保证茶卡盐湖的正常，也不允许向茶卡盆地调水。有水无地的区域应该是那棱格勒河尾闾。

（2）积温1 600℃以上，海拔3 300米以下区域分布图。根据海西州农业普查以及农业区划研究，种植业生长最低的积温要求1 600℃，与海拔3 300米相当。项目组对海西州一些河流上游部分的耕地，采用10米分辨率的DEM核对，发现耕地最高分布在海拔3 258米的地区。所以本次评价以海拔3 300米作为温度的条件。评价结果如图4-7所示，以后的种植业适宜区在此空间范围内开展评价。

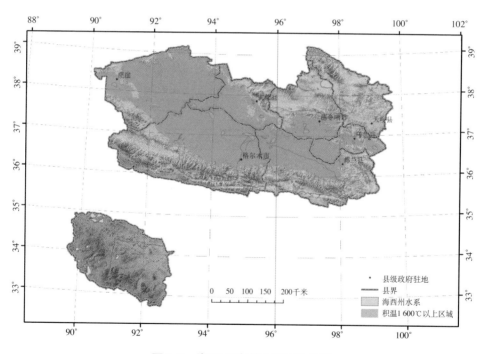

图4-7　海西州海拔3 300米分区

（3）地下水埋深3米。柴达木盆地是典型的周边高，中间低。由于水资源没有外流，所以低洼的地方，长期聚集了大量的盐分，土壤严重盐渍化。另外盆地低洼的地方，存在大量的盐漠，此部分空间不能耕种。由于海西州只有局部地区做了地下水长期观测，大部分地区没有做这项工作，但地下水埋深3米以内的土地，由蒸腾作用导致的毛细现象，会把水分吸附到地表，水分蒸发，盐留下形成盐碱地，所以考虑用三调的盐碱地来代替地下水水深指标。经过实地考察测试，地下水埋深3米深度与三调的盐碱地分成范围成果基本一致，评价结果如图4-8所示。

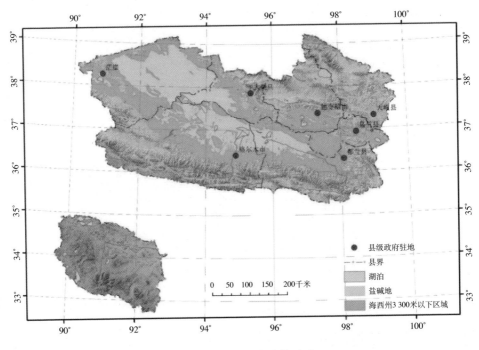

图4-8　海西州盐碱地分布

（4）坡度5°。海西州耕作层土壤普遍较薄，此项为开发利用难易程度评价因素。如小诺木洪滩地面坡度较大，下段土层又薄，导致开发成本很高。评价结果如图4-9所示。

（5）不宜种植土地类型及土壤分布。不宜种植的土壤类型有轻沙土、砾石土、盐渍土（盐漠）。另外沙地由于孔隙大，不易贮存水，所以也不宜耕种。根据三调成果，结合全国生态环境调查数据库中国1：1 000 000土壤数据库，作出海拔3 300米以内不宜耕种的土地类型及土壤分布图。评价结果如图4-10所示。

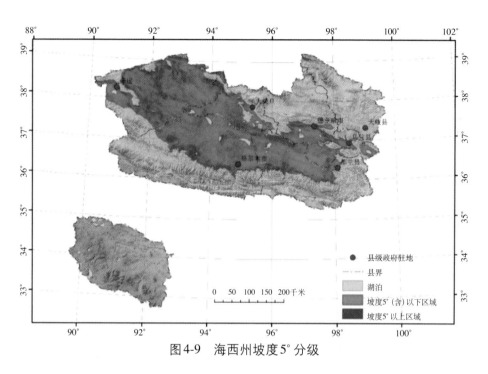

图4-9 海西州坡度5°分级

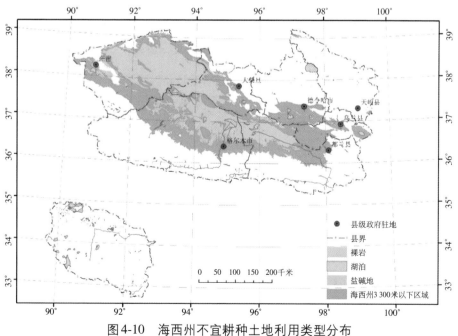

图4-10 海西州不宜耕种土地利用类型分布

（6）评价结论。根据以上评价指标生成单因子图层。对图层进行相关矢量叠加运算，最后得出海西州农业种植适宜区面积评价结果，如图4-11、表4-6所示。海西州种植适宜区总的面积为9 283.38千米²，占区域面积的3%。

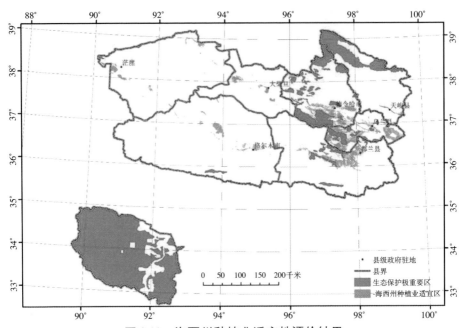

图4-11　海西州种植业适宜性评价结果

表4-6　海西州种植业适宜性评价结果汇总

行政区域	适宜		不适宜	
	面积（千米²）	比重（%）	面积（千米²）	比重（%）
格尔木市	946.80	10.20	118 570.82	40.59
德令哈市	1 908.47	20.56	25 864.15	8.85
茫崖市	726.78	7.83	49 307.75	16.88
乌兰县	2 799.31	30.15	9 463.14	3.24
都兰县	2 311.83	24.90	42 975.05	14.71
天峻县	73.25	0.79	25 571.23	8.75
大柴旦行委	516.94	5.57	20 388.66	6.98
海西州	9 283.38	100.00	292 140.80	100.00

（二）畜牧业生产适宜性评价

畜牧业分为牧区畜牧业和农区畜牧业。一般地，可将农业区内种植业生产适宜区全部确定为畜牧业适宜区。牧区畜牧业主要分布在干旱、半干旱地区，受自然条件约束大。一般地，草原饲草生产能力越高（优质草原），雪灾、风灾等气象灾害风险越低，地势越平坦和相对集中连片，越适宜牧区畜牧业生产。农区畜牧业主要分布在湿润、半湿润地区，受自然条件约束较小，主要制约因素是饲料供给能力、环境容量等。

在海西州，所有的草地剔除坡度≥25°、位置处于生态保护极重要区域，再加上全部种植业生产适宜区，为畜牧业生产适宜性区域。再根据农牧区区划资料，剔除不可利用草地，就是畜牧业适宜区。经过计算，海西州畜牧业适宜区为43 647.44千米²，占区域总面积的比例为14.51%，评价结果如图4-12、表4-7所示。

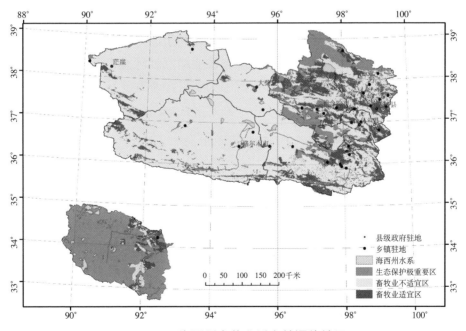

图4-12　海西州畜牧业适宜性评价结果

表4-7　海西州畜牧业适宜性评价结果汇总

区域	适宜		不适宜	
	面积（千米²）	比重（%）	面积（千米²）	比重（%）
格尔木市	8 229.52	18.85	110 946.09	43.13
德令哈市	10 009.83	22.93	17 755.82	6.90
茫崖市	1 688.49	3.87	48 202.41	18.74
乌兰县	4 566.15	10.46	7 683.79	2.99
都兰县	10 797.93	24.74	34 467.46	13.40
天峻县	7 774.12	17.81	17 838.98	6.94
大柴旦行委	581.40	1.33	20 317.70	7.90
海西州	43 647.44	100.00	257 212.25	100.00

　　根据已有的草地资源普查资料，将不能利用的草场面积排除，最后的面积为畜牧业适宜区面积。海西州的畜牧业适宜地区在空间上主要分布于海西州东三县和德令哈市，西部两市和大柴旦行委本身草地很少，畜牧适宜区面积更小。

二、农业生产承载规模评价

（一）种植业承载规模

　　从水资源的角度，可承载的耕地规模包括可承载的灌溉耕地面积和单纯以天然降水为水源的耕地面积（雨养耕地面积）。可承载的灌溉耕地面积等于一定条件下灌溉可用水量和农田综合灌溉定额的比值。灌溉可用水量要在区域用水总量控制指标基础上结合区域供用水结构、一二三产业结构等确定。农田综合灌溉定额根据当地农业生产实际情况，以代表性作物（小麦、青稞、油菜、马铃薯等）灌溉定额为基础，根据不同种植结构、复种情况、灌溉方式（漫灌、管灌、滴灌、喷灌等）、农田灌溉水有效利用系数等确定。从空间约束的角度，将生态保护极重要区和种植业生产不适宜区以外区域的规模，作为空间约束下耕地的最大承载规模。按照短板原理，取上述约束条件下的最小值，作为耕地承载的最大合理规模。

1. 水资源约束下的种植业承载规模

可承载的灌溉耕地面积等于一定条件下灌溉可用水量（$W_农$）和农田综合灌溉定额（$N_{定额}$）的比值。

$$M_{灌面} = W_农 / N_{定额} \tag{4-7}$$

（1）灌溉可用水量。海西州灌溉可用水量（$W_农$）等于海西州用水总量控制指标（$W_总$）乘以其农田灌溉用水合理占比（$k_农$）。

$$W_农 = W_总 \times k_农 \tag{4-8}$$

根据2019年海西州农业取用水总量汇总表设定海西州各行政区农田灌溉用水占比（表4-8）。之后根据海西州2019年各市、县、行委用水总量控制指标表（表4-9）得到海西州用水总量控制指标为12.30亿米³，最终计算出海西州农田灌溉可用水量为4.64亿米³。

表4-8　2019年海西州农业取用水总量

行政区	农业用水量（万米³）						总取用水量（万米³）	农田灌溉占比（%）
	农业灌溉				牲禽用水	小计		
	农田灌溉	林地灌溉	园地灌溉	牧草地灌溉				
格尔木市	8 883.12	14 838.90	0.00	0.00	106.39	23 828.41	34 654.91	25.63
德令哈市	6 660.26	3 055.08		1 762.40	320.00	11 797.74	20 784.08	32.05
茫崖市	0.00	179.93			80.78	260.71	1 390.01	0.00
乌兰县	3 723.55	2 008.32		973.73	50.00	6 755.60	7 079.89	52.59
都兰县	17 677.48	11 603.60		630.28	640.00	30 551.36	30 964.47	57.09
天峻县	0.00	43.00		247.10	190.00	480.10	645.24	0.00
大柴旦行委	277.52	592.22		735.26	55.00	1 660.00	3 180.49	8.73
合计	37 221.93	32 321.05	0.00	4 348.77	1 442.17	75 333.92	98 699.09	37.71

数据来源：海西州水利局。

表4-9 2019年海西州各行政区用水总量控制指标

行政区	用水总量（亿米³）	行政区	用水总量（亿米³）
格尔木市	4.30	都兰县	3.50
德令哈市	2.65	天峻县	0.08
茫崖市	0.48	大柴旦行委	0.54
乌兰县	0.75	海西州	12.30

数据来源：海西州水利局。

（2）灌溉用水定额。根据青海省用水定额提供不同农业规划区不同种植结构下的灌溉定额，如表4-10所示。

表4-10 柴达木盆地农田灌溉用水定额

农业规划灌区		格尔木	德令哈	查查香卡—察汗乌苏	诺木洪	香日德	希赛地区
小麦	灌溉制度（次）	9	7	7	9	7	7
	定额（米³/公顷）	6 600	5 775	5 775	6 750	5 775	5 250
	种植比例（%）	26	37	18	28	32	59
青稞	灌溉制度（次）	7	6	6	7	6	6
	定额（米³/公顷）	5 250	4 500	4 950	5 250	4 950	4 950
	种植比例（%）	48	16	27	41	28	7
豆类	灌溉制度（次）	7	6	5	7	6	4
	定额（米³/公顷）	5 777	4 125	4 500	5 775	4 950	4 150
	种植比例（%）	0	3	1	0	0	1
油料	灌溉制度（次）	7	5	5	7	6	5
	定额（米³/公顷）	5 775	4 125	4 500	5 775	4 950	4 125
	种植比例（%）	28	36	44	28	31	27
大田蔬菜	灌溉制度（次）	9	9	9	9	9	9
	定额（米³/公顷）	7 425	7 425	6 750	7 425	7 425	6 750
	种植比例（%）	15	3	1	2	1	1

（续）

农业规划灌区		格尔木	德令哈	查查香卡—察汗乌苏	诺木洪	香日德	希赛地区
马铃薯	灌溉制度（次）	7	5	5	7	6	5
	定额（米^3/公顷）	5 775	4 125	4 500	5 775	4 950	4 125
	种植比例（%）	2	5	9	1	8	5
小计	米^3/公顷	7 082.25	4 894.5	4 873.5	5 865.8	5 239	4 873
	米^3/亩	472.15	326.3	324.9	391.05	349.3	324.87

数据来源：青海省用水标准（2015年）。

在种植结构确定下，可用公式4-9求得每个灌区的用水定额。

$$S = \sum_{i=1}^{n} Q_i P_i \tag{4-9}$$

其中，S为某个灌区的用水定额，Q_i为每次灌溉定额，P_i为该种植品种的种植比例。

都兰县有三个灌区，根据都兰县水文资源可知，全县水资源总量为11.782亿米^3，其中地表水10.66亿米^3，地下水8.30亿米^3，地表地下重复量7.18亿米^3，水资源可利用量为4.86亿米^3。从空间分布上看，查查香卡—察汗乌苏区水资源量占全县水资源量的28%左右，香日德—宗巴区占全县水资源量的52%左右，诺木洪平衡区占全县水资源量的20%左右。根据以上分析，将都兰县的灌溉用水2亿米^{3}按比例分别分配到三个灌区。再根据公式4-9，得到海西州的每个灌区的用水定额。

（3）可承载的耕地灌溉面积。根据海西州各县水资源的分配及农业规划区灌溉定额表（表4-11），计算出海西州各市、县、行委的灌溉耕地面积。再根据实际调查的农业用水定额标准，进行适当的调整，最终得到海西州可承载的耕地面积为125.83万亩，结果见表4-11。

表4-11 海西州农田灌溉用水量及承载规模

农业规划灌区	灌溉用水量（亿米^3）	用水定额（米^3/亩）	水资源约束下的种植业承载面积（万亩）	备注
格尔木	1.15	472.15	24.36	
德令哈	0.9	326.3	27.58	

（续）

农业规划灌区	灌溉用水量 （亿米³）	用水定额 （米³/亩）	水资源约束下的 种植业承载面积（万亩）	备注
大柴旦	0.2	472.15	4.33*	*为修正值
查查香卡—察汗乌苏	0.56	324.9	17.23	
诺木洪	0.4	391.05	10.23	
香日德	1.04	349.3	29.79	
希赛地区	0.4	324.87	12.31	
合计			125.83	

大柴旦行委，由于供水指标与现实差距较大，所以采用用水潜力法计算。全区水资源总量为5.537 3亿米³，其中地表水资源总量为2.766 3亿米³，可利用量1.132 2亿米³；地下水天然资源总量为4.78亿米³，可开采量为2.38亿米³，水资源总量十分丰富。尤其地下水资源的可利用程度更高。共有大小河流12条，年径流量为2.766 3亿米³。主要河流有鱼卡河、塔塔棱河等。主要湖泊有西台吉乃尔湖、大柴旦湖、小柴旦湖。根据《青海省水文手册》（2018年）的数据，鱼卡河的平均径流量为1.22亿米³/年，塔塔棱河1.15亿米³/年，合计2.37亿米³/年。根据国际通用标准，地表水可用40%的资源开发上限，地下水按10%的强度开发，总的供水量可以达到0.726亿米³/年。根据表4-8，大柴旦供水总量为3 180万米³/年，其中农业用水量为1 660万米³/年，占比52.2%。同等条件下，水资源开采量增大，但在水资源利用工业、城镇、生态用水量变化不大的前提下，我们认为增加部分全部为农业灌溉用水。

以上论述认为，总的供水量为0.726亿米³/年，在城镇用水、生态用水、林业草业灌溉用水等不变前提下，灌溉用水理论最大值可达到0.435亿米³/年。大柴旦行委农业用水系数按0.47计算，大柴旦灌溉用水量为2 044万米³/年。计算出水资源约束下的种植业承载面积为4.33万亩。此项值为大柴旦地区的修正值。

2.空间约束下的种植业承载规模

根据农业适宜性评价结果，海西州适宜空间为9 283.38千米²（1 392.51

万亩）。

3.可承载的最大合理规模

根据三调结果，海西州现有耕地68.55万亩。水资源约束下可承载的耕地灌溉面积为125.83万亩。

按照短板原理，取上述约束条件下的最小值作为可承载的最大合理规模。所以选取水资源约束条件下的125.83万亩为最大合理规模。

（二）畜牧业承载规模

牧区畜牧业，通过测算草地资源的可持续饲草生产能力确定草原合理载畜量。

通常估算理论载畜量是根据草场的可利用面积、单位面积的产草量以及草场的利用率和牲畜（羊单位）的日食量、放牧天数等因素求算。根据海西州可利用草场面积与产草量，估算出理论载畜量为641万羊单位（表4-12）。

表4-12　各类草场面积、产量、载畜量汇总

类型标识	草场类型	草场面积（万亩）	可利用草场面积（万亩）	平均亩产（千克）	可食草亩产（千克）	可食草总产量（万千克）	理论载畜量（万羊单位）	草地负荷（羊单位/亩）
Ⅰ	高寒干草原类	4 071.54	3 346.41	70.04	62.65	209 647.51	143.62	23.30
Ⅱ	山地干草原类	1 088.26	814.20	116.97	113.90	29 735.45	63.51	12.82
Ⅲ	高寒荒漠类	9.45	4.73	76.40	73.32	346.80	0.24	19.91
Ⅳ	山地荒漠类	2 846.03	1 495.67	102.77	102.24	152 914.06	102.65	14.57
Ⅴ	高寒草甸类	4 653.99	3 794.17	89.85	79.72	302 467.35	207.22	18.31
Ⅵ	山地草甸类	1 688.46	1 192.18	159.14	151.66	180 802.86	123.80	9.63
	合计	14 357.73	10 647.36				641	

三、农业生产空间格局特征

海西州的种植业适宜区从空间分布来看，主要分布在海拔3 300米以内的盆地边缘地带，位于冲积扇和洪积扇的前沿、盐碱地之上。由于受到

绿洲农业水资源的限制，沿着柴达木盆地边缘的条条河流发育。从行政区划来看，格尔木市、德令哈市、乌兰县、都兰县较多，大柴旦较少，茫崖市适宜区面积较多，天峻县在布哈河下游有些。

海西州的畜牧业适宜区从空间上看，主要分布在东部的天峻县、都兰县东南部、乌兰县东部、德令哈市北部，格尔木市乌图美仁镇等地也有分布，大柴旦行委与茫崖市面积很小。

四、农业适宜区评价的不足之处

（一）种植业适宜性评价

种植业适宜性评价用了4个因子7个指标，见表4-5。其中，地下水埋深、土层有效厚度、土壤质地这3个指标在评价过程中，由于严重缺乏数据，没有具体落实。土壤类型目前来说，国内最新的数据为南京湖泊所做的全国土壤类型1∶1 000 000地图；土壤有效厚度没有数据，海西州土壤质地资料几乎没有。所以导致成果数据偏大，需要在以后的工作中进一步落实。

（二）畜牧业适宜性评价

本次畜牧业适宜性评价是在草地的基础上，进行了坡度、自然保护地体系的排除而成。第三次全国土地调查只调查是不是草地，不调查具体的草地类型。同时三调的成果，在部分地区冲突较大。同时，由于缺乏精准的草地类型分布图，所以这部分数据有一定的误差。需要在草地类型数据与三调数据完成对接之后，进一步完善。

第三节　城镇建设适宜性与承载规模评价

一、城镇建设适宜性

在生态保护极重要区以外的区域，开展城镇建设适宜性评价，着重识别不适宜城镇建设的区域。一般地，将水资源短缺、地形坡度大于25°、海拔过高、地质灾害危险性极高的区域，确定为城镇建设不适宜区。

（一）评价思路

选择两级评价法进行评价。这种评价方法将单因子分为适宜与不适宜两级，非此即彼。其特点如下：

1.单因子评价分两级

每个因子分成两级，即适宜与不适宜。如认为坡度25°以上区域不适宜建设。每个评价因子分成非此即彼两级关系，权重分配分别为1和0。

2.集成评价不确权，综合评价无阈值

将多个因子进行空间重叠，每个最小评价单元权重因子相乘，结果为1的适宜，结果为0的不适宜。最后结果只有适宜区与不适宜区，不再有综合指数法中的阈值界定这个难点。

3.小结

此种方法将适宜性评价中的难点因子确权与阈值界定两项回避，业务性强，易操作，计算简单。其不足是结果具有刚性，将多级适宜性评价中的缓冲区取消，非此即彼的结果对一些未来不确定的发展规划有很大的影响。

（二）评价指标

根据双评价指南（2020年1月）的要求，结合海西州地区的资源环境禀赋特征，选择3类8个因子进行评价。具体有自然条件指标（海拔、坡度）、区位条件指标（交通干线可达性、中心城区可达性、交通枢纽可达性）及禁止性指标（生态保护极重要区、地质灾害区、水域湿地），见表4-13。

表4-13　城镇建设适宜性评价指标

指标类型	指标	分类
禁止性指标	生态保护极重要区	生态保护极重要区
	水域湿地	沼泽草地、内陆滩涂、沼泽地 河流、湖泊、水库等
	地质灾害区	泥石流、滑坡、崩塌
自然条件指标	坡度	大于25°
	海拔	大于5 000米

（续）

指标类型	指标	分类
区位条件指标	中心城区可达性	海西州政府驻地
		乡镇驻地
	交通干线可达性	国道、省道
		县道
		乡道
	交通枢纽可达性	机场
		铁路站点
		公路枢纽
		高速公路出入口

（三）适宜区计算方法

按下列方法计算建设开发适宜性得分，初步判断建设开发适宜性等级。

$$L_建 = \prod_{i=1}^{m} J_{建i} \times \prod_{k=1}^{n} W_{建k} X_{建k} \qquad (4\text{-}10)$$

式中，$L_建$ 为建设开发适宜性得分，i 为禁止性指标编号，m 为禁止性指标个数，$J_{建i}$ 为第 i 个禁止性指标的得分，k 为限制性指标编号，n 为限制性指标个数，$W_{建k}$ 为限制性指标的权重，$X_{建k}$ 为第 k 个限制性指标的得分。

对符合禁止性指标的，赋值为 0；禁止性指标之外的，赋值为 1。

（四）评价过程

1. 单因子评价

（1）自然条件。

①坡度。根据双评价指南（2020 年 1 月），将坡度大于 25° 的区域作为不适宜建设区。根据海西州的 30 米分辨率的 DEM 影像生成海西州坡度，再经过重分类，计算出大于 25° 的区域与小于 25° 的区域，见图 4-13。

②海拔。由于海西州唐古拉山镇平均海拔高度为 4 700 米以上，所以选择海拔 5 000 米以上为城镇建设不适宜区，见图 4-14。

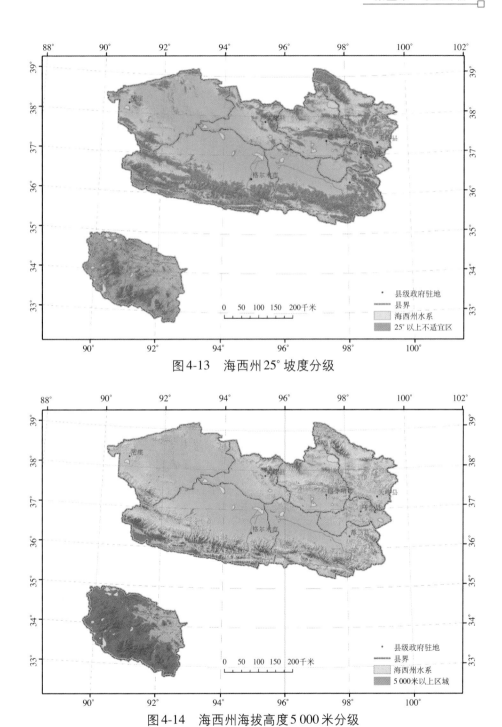

图4-13　海西州25°坡度分级

图4-14　海西州海拔高度5 000米分级

（2）区位条件。区位条件设置中心城区可达性、交通干线可达性和交通枢纽可达性三个条件。海西州区域总面积在30万千米^{2}以上，许多乡镇距离州政府所在地交通时间都在5个小时以上，所以区位条件评价以海西州本身的城镇分布特点、交通干线特点、交通枢纽的分布，分别做出中心城区可达性、交通干线可达性、交通枢纽可达性三个子指标的条件阈值，见表4-14。

表4-14 海西州区位条件分级阈值

评标指标	指标地区		阈值（小时）	阈值（千米）
中心城区可达性（政府驻地）	德令哈市、格尔木市		2	120
	茫崖市、大柴旦行委		2	120
	都兰县、乌兰县、天峻县		2	120
	其他乡镇驻地		1	60
交通干线可达性	国道、省道			6
	县道、乡道			3
交通枢纽可达性	支线机场	格尔木机场、德令哈机场	1	60
		茫崖机场	1	60
	铁路站点	其他	1	60
	公路枢纽	高速公路出入口	1	60
		交通枢纽	1	60

①中心城区可达性评价。中心城区可达性反映评价单元与中心城区几何中心的时间距离，按等间距分为低高两级。评价结果如图4-15所示。

②交通枢纽可达性评价。交通枢纽可达性是指评价单元到区域内铁路、公路、市域轨道交通等交通枢纽的交通距离。按照格网单元与不同类型交通枢纽的交通时间距离远近，从0到1打分。对各类指标进行空间求和，原则上各指标权重相同。采用相等间隔法将交通枢纽可达性由低到高分为低和高两级。根据交通枢纽阈值，进行缓冲区分析，得到图4-16。

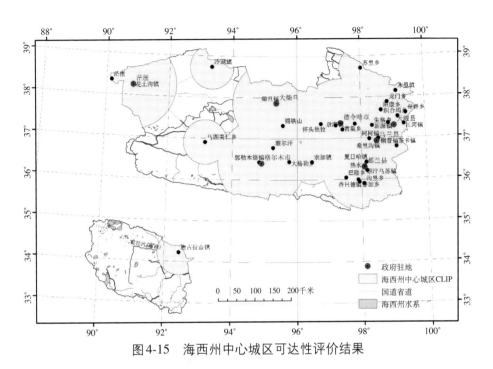

图4-15 海西州中心城区可达性评价结果

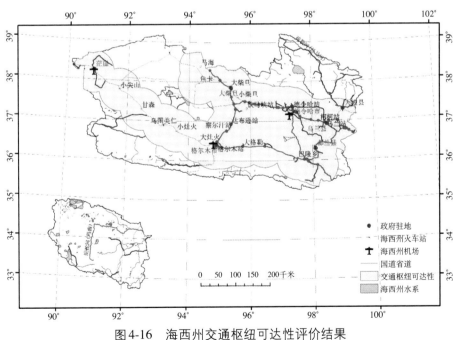

图4-16 海西州交通枢纽可达性评价结果

③交通干线可达性评价。交通干线可达性是指评价单元到不同等级公路的距离。由于海西州的许多高速公路没有完全封闭，另外修路时在原来国道的基础上，新修一条平行的道路，来进行单行道。所以海西州评价时，完全取代了国道的高速公路，也按交通干线处理。评价结果如图4-17所示。

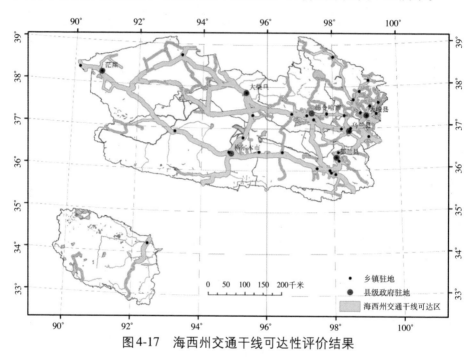

图4-17 海西州交通干线可达性评价结果

④区位条件集成评价。根据以上评价，集成海西州区位条件可达性评价，如图4-18所示。

（3）禁止性条件。

①生态保护极重要区。根据前面生态保护重要性评价结果，生成海西州生态保护极重要区评价结果图，如图4-19所示。图中深绿色部分为生态保护极重要区，是城镇建设禁止区。

②地质灾害评价。根据地质部门的海西州地质灾害示意图，作出海西州地质灾害危险性分区图（图4-20）。再根据海西州泥石流等地质灾害的分布，根据地质灾害大小的分级（特大型、大型、中型、小型），分别设置合适的缓冲区阈值，得出地质灾害不适宜区。根据海西州提供的地质灾害

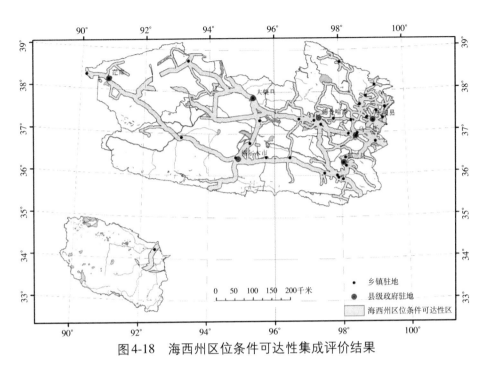

图4-18　海西州区位条件可达性集成评价结果

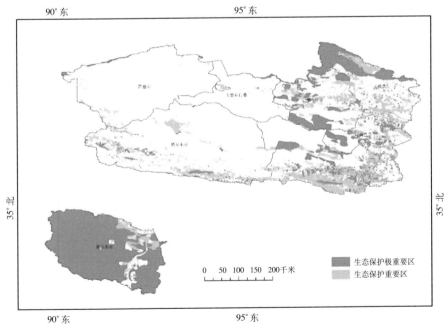

图4-19　海西州生态保护重要性评价成果

点的位置（附表9），作出海西州地质灾害分布图（图4-21）。虽然图中所

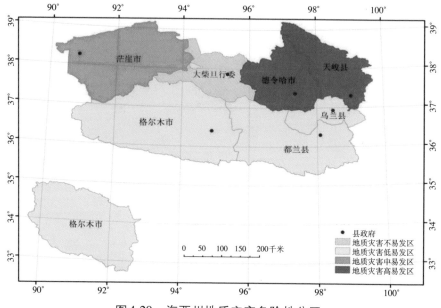

图4-20　海西州地质灾害危险性分区

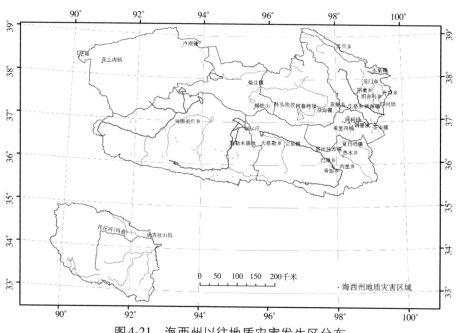

图4-21　海西州以往地质灾害发生区分布

示的灾害点已被初步治理，但以后发生地质灾害的概率比较高。

③水域。根据已有资料，作出海西州主要水域分布图，如图4-22所示。

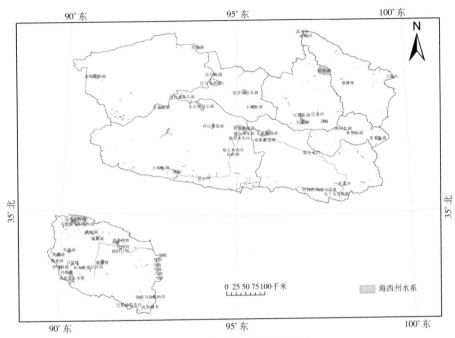

图4-22 海西州主要水域分布

2.多因子集成

将以上单因子评价结果进行空间叠加，将叠加生成的最小图斑作为评价单元，开发适宜性分值根据式4-10计算。最终得出初步的评价结果。

3.修正评价

根据地块集中度、区位条件（交通干线可达性、中心城区可达性、交通枢纽可达性等）对建设开发适宜的区域进行修正。地块集中度、区位条件高的区域，适宜建设开发；地块集中度、区位条件低的区域，建设开发适宜等级修正为不适宜。

4.空间数据处理流程

（1）自然条件。

①坡度。根据海西州的30米分辨率的DEM影像生成海西州坡度分级

图，重新分类生成坡度大于25°的区域。

②海拔。选择海拔5 000米以上区域作为不适宜区。

（2）区位条件。

①中心城区可达性。德令哈市、格尔木市政府驻地做120千米点缓冲，茫崖市、大柴旦行委做120千米点缓冲，都兰、乌兰、茶卡镇、天峻做120千米点缓冲，其余乡镇驻地做60千米点缓冲，之后合并、融合。

②交通干线可达性。国道、省道做6千米线缓冲，县道、乡道做3千米缓冲，之后合并、融合。

③交通枢纽可达性。

a.支线机场。格尔木机场、德令哈机场、茫崖机场做60千米点缓冲。

b.铁路站点。德令哈火车站、格尔木火车站做60千米点缓冲，其他站点做60千米点缓冲。

c.公路枢纽。做60千米点缓冲后合并、融合。

d.高速公路出口。做60千米点缓冲后合并、融合。

（3）禁止性区域。

①地质灾害，按小型、中型500米，大型、超大型1千米分别做点缓冲，合并、融合。

②生态保护极重要区、水域、坡度25°以上区域、海拔5 000米以上区域等图层合并、融合，得到禁止区。

（4）综合处理。

①区位条件可达区 =（交通中心可达区∪交通枢纽可达区）∩交通干线可达性。

②自然条件适宜区 = 坡度25°以下区域∩海拔5 000米以下区域。

③禁止性区域 = 生态保护极重要区∪水域∪坡度25°以上区域∪海拔5 000米以上区域∪地质灾害区域。

④建设适宜区 =（区位条件可达区∩自然条件适宜区）- 禁止性区域。

⑤修正评价。

5.评价结果

最终评价结果如图4-23、表4-15所示。

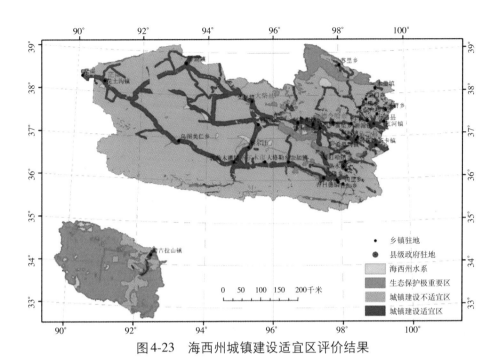

图4-23　海西州城镇建设适宜区评价结果

表4-15　海西州城镇建设适宜区评价结果汇总

区域	适宜		不适宜	
	面积（千米²）	比重（%）	面积（千米²）	比重（%）
格尔木市	8 699.41	19.60	110 414.00	43.07
德令哈市	4 482.64	10.10	23 288.20	9.08
茫崖市	9 997.33	22.52	39 898.30	15.56
乌兰县	3 545.86	7.99	8 705.58	3.40
都兰县	6 021.16	13.56	39 210.00	15.30
天峻县	5 234.30	11.79	20 388.70	7.95
大柴旦行委	6 409.52	14.44	14 450.73	5.64
小计	44 390.22	100.00	256 355.51	100.00

二、城镇建设承载规模

（一）水资源约束下的建设用地承载规模

从水资源的角度，通过区域城镇可用水量除以城镇人均需水量，确定可承载的城镇人口规模，可承载的城镇人口规模乘以人均城镇建设用地面积，确定可承载的建设用地规模。

1.城镇人均需水量

城镇人均需水量是通过海西州城镇居民人均生活用水量、人均工业用水量以及生活和工业用水量占比综合确定，公式如下：

$$W_{城镇人均} = \beta_{生活+工业}（W_{人均生活用水} + W_{人均工业用水}） \tag{4-11}$$

其中，$W_{城镇人均}$为城镇居民人均生活用水量，$W_{人均生活用水}$为人均生活用水量，$W_{人均工业用水}$为人均工业用水量，$\beta_{生活+工业}$为生活用水与工业用水比值。

一般生活用水与工业用水合理比为 1:5，所以设定海西州 $\beta_{生活+工业}$ 为 1:5。

根据青海省用水定额地方标准（表4-16），格尔木市、德令哈市城镇综合生活用水定额为210升/（人·天），其他城镇为140升/（人·天），即 75.6 米³/（人·年）和 50.4 米³/（人·年）。以此为标准，再结合工业用水量，得出青海省海西州城镇人均需水量（表4-17）。

2.城镇可用水量

设定海西州生活和工业用水合理占比（$k_{生活+工业}$）为5.17%，乘以海西州用水总量控制指标（$W_{总}$）13.58亿米³（表4-18），得到海西州城镇可用水量（$W_{城镇}$）为7 020.86万米³。

$$W_{城镇} = W_{总}k_{生活+工业} \tag{4-12}$$

其中，$W_{城镇}$为城镇可用水量，$W_{总}$为用水总量控制指标。

表4-16　青海省用水定额地方标准

分类	城镇类别	用水定额 [升/（人·天）]	用水定额 [米³/（人·年）]
城镇综合生活[*]	西宁市、海东市	230	82.8
	格尔木市、德令哈市	210	75.6
	其他城镇	140	50.4

[*]为城市居民日常生活用水、公共建筑和设施用水的总称，不包括浇洒道路、绿地和其他市政用水。

表4-17　海西州城镇人均需水量

行政区	城镇人口（人）	城镇人均综合用水量（米³/人）	人均工业用水量（米³/人）	$\beta_{生活+工业}$	城镇人均需水量（米³/人）
格尔木市	197 153	75.6	375	0.2	90.0
德令哈市	65 424	75.6	375	0.2	90.0
茫崖市	18 856	50.4	310	0.2	74.4
乌兰县	20 116	50.4	310	0.2	74.4
都兰县	32 720	50.4	310	0.2	74.4
天峻县	13 938	50.4	310	0.2	74.4
大柴旦行委	10 291	50.4	310	0.2	74.4
海西州	358 498	68.0	340	0.2	82.3

表4-18　海西州"十四五"用水量控制指标分解及城镇可用水量

行政区	用水总量（亿米³）	$k_{生活+工业}$（%）	城镇可用水量（万米³）	备注
格尔木市	4.70	5.17	2 429.90	
德令哈市	2.80	5.17	1 447.60	
茫崖市	0.70	5.17	361.90	
都兰县	3.70	5.17	1 912.90	
乌兰县	0.85	5.17	439.45	
天峻县	0.08	5.17	41.36	
大柴旦行委	0.75	5.17	387.75	
海西州	13.58	5.17	7 020.86	政府预留1，合计14.58

注：$k_{生活+工业}$为生活和工业用水合理占比。

3.可承载的城镇人口规模

采用海西州城镇可用水量（$W_{城镇}$）除以城镇人均需水量（$W_{城镇人均}$），得出海西州可承载的人口规模（$W_{人口规模}$）。通过计算求得海西州可承载的城镇人口规模为85.33万人（表4-19）。

$$W_{人口规模} = W_{城镇}/W_{城镇人均} \qquad (4-13)$$

4.可承载的城镇建设用地规模

合理设定人均城镇建设用地（$W_{人均城镇建设用地}$），乘以海西州可承载的人口规模（$W_{人口规模}$），得出水资源约束条件下城镇建设用地规模（$S_{城镇建设用地规模}$）。

$$S_{城镇建设用地规模} = W_{人口规模}W_{人均城镇建设用地} \qquad (4-14)$$

根据海西州各行政区城镇建设用地面积求各行政区人均城镇建设用地面积。通过计算得到海西州人均城镇建设用地面积为895米²/人。

根据计算公式求出水资源约束下海西州可承载的城镇建设用地规模为774.15千米²（表4-20）。

表4-19　海西州水资源约束下的人口承载规模

行政区	用水总量（亿米³）	城镇可用水量（万米³）	城镇人均需水量（米³/人）	承载人口（万人）
格尔木市	4.70	2 429.90	90.0	27.00
德令哈市	2.80	1 447.60	90.0	16.08
茫崖市	0.70	361.90	74.4	4.86
都兰县	3.70	1 912.90	74.4	25.71
乌兰县	0.85	439.45	74.4	5.91
天峻县	0.08	41.36	74.4	0.56
大柴旦行委	0.75	387.75	74.4	5.21
海西州	13.58	7 020.86	82.3	85.33

表4-20　海西州水资源约束下的城镇建设面积

行政区	用水总量（亿米³）	$k_{生活+工业}$（%）	城镇可用水量（万米³）	水资源约束下的人口规模（万人）	水资源约束下的城镇建设面积（千米²）
格尔木市	4.70	5.17	2 429.90	27.00	241.65
德令哈市	2.80	5.17	1 447.60	16.08	143.92
茫崖市	0.70	5.17	361.90	4.86	43.50
乌兰县	0.85	5.17	439.45	5.91	52.89
都兰县	3.70	5.17	1 912.90	25.71	230.10

（续）

行政区	用水总量 （亿米^3）	$k_{生活+工业}$ （%）	城镇可用水量 （万米^3）	水资源约束下的 人口规模 （万人）	水资源约束下的 城镇建设面积 （千米^2）
天峻县	0.08	5.17	41.36	0.56	15.46*
大柴旦行委	0.75	5.17	387.75	5.21	46.63
海西州	13.58	5.17	7 020.86	85.33	774.15**

*指天峻县城镇建设面积采用修正评价，**指海西州城镇建设面积总和为其他市县委的面积加修正后的天峻县城镇建设面积。

天峻县水资源约束下的城镇建设面积修改评价如下：

因天峻县牧民在城镇集中居住，城镇建设用地规模采用修正评价，评价过程如下。天峻县水资源总储备量为32.218 7亿米^3，其中冰川总储量为29.819 6亿米^3。目前可利用总水量为24.067亿米^3，其中地下水总量为5.284亿米^3，地表水总量为18.783亿米^3，且天峻县水质较好（除苏里等部分少数地区硫酸盐略有超标），全县水质以2～4类水为主，局部地区水质达到1类标准，布哈河多年平均径流量为8.28亿米^3。天峻县河流总数216条，流域面积大于100千米^{2}的河段数量79段、河段长度3 364.74千米，天峻县有六个水系，即布哈河、疏勒河、大通河、哈拉湖、希塞盆地和茶卡盆地。天峻县是整个海西州水资源最丰富的地区。按国际通用标准，天峻县主要人口聚集区布哈河流域可利用水资源达到1.65亿米^3，天峻县水资源的用水潜力非常大，所以不能按水资源量算承载人口规模再算城镇建设用地面积的方法来测算天峻县城镇建设面积。

随着游牧民族定居工程等的完成，天峻县牧民基本上集中在城镇生活。家庭成员青壮年在牧区放牧，但老人孩子都在城镇生活。所以城镇生活人口不能单纯地以城镇户籍核算，而应该以城镇人口加上牧民在城镇生活的老人与孩子。随着国家三胎政策的放开，在城镇生活的家庭成员会越多。一个家庭的人口按6人计，孩子2人、老人2人、年轻人2人，牧区人口的三分之二生活在城镇，所以城镇常住人口应该加这部分人口。根据天峻县第七次人口普查数据，天峻县常住人口为2.2万人，其中城镇户人口有0.81万人，牧民有1.39万人。城镇常住人口1.72万人。

接前文计算出的人均城镇建设用地面积895米^2，天峻县城镇建设用地规模为15.46千米^2。

（二）空间约束下的城镇建设规模

根据海西州城镇建设适宜性评价，空间约束下的海西州城镇建设规模为44 390.22千米^2，占区域面积的14.75%。

（三）可承载的最大合理规模

从上述分析可知，海西州的可承载的最大合理规模为水资源约束下的土地规模，为774.15千米^2，占区域面积的0.26%。

第四节　与青海省省级双评价成果对接

根据省级评价的成果，将生态保护重要性评价、农业生产适宜性评价（含种植业、畜牧业）、城镇建设适宜性评价结果与海西州双评价结果对比。

一、生态保护重要性评价成果对接

省级双评价生态保护重要性成果如图4-24所示，与青海省省级生态保护重要性评价成果对比，州级的双评价生态保护重要性基本覆盖了所有的国家级湿地、自然保护区、自然资源公园，而省级评价结果反映更为宏观。州级的双评价对省级的双评价成果作了进一步的完善与补充。

二、农业适宜性评价成果对接

（一）畜牧业适宜性评价成果对接

畜牧业适宜区评价应该是评价草地是否适宜放牧。省级双评价成果比较宏观，同时对自然保护地体系中的适宜畜牧区域没有扣除（图4-25）。而州级评价根据三调以及土地变更成果，对省级评价结果进行了进一步的完善与补充，将一些不长草的沙漠、盐漠等区域单独挑选出来（图4-26）。

（二）种植业适宜性评价成果对接

省级双评价种植业适宜区成果如图4-27所示。省级双评价结果表明，

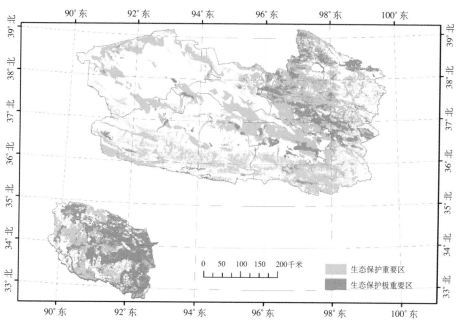

图4-24　青海省省级评价中的海西州生态保护重要性评价成果

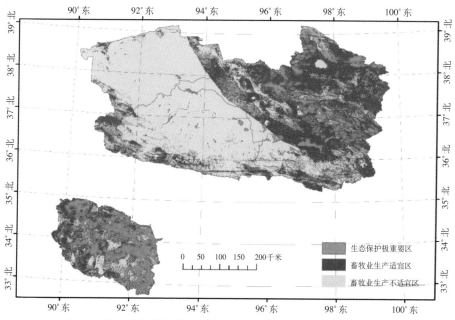

图4-25　青海省省级评价中的海西州畜牧业生产适宜区评价结果

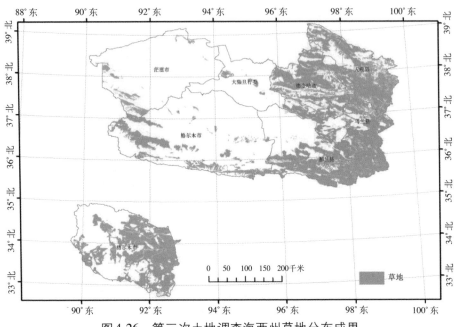

图4-26　第三次土地调查海西州草地分布成果

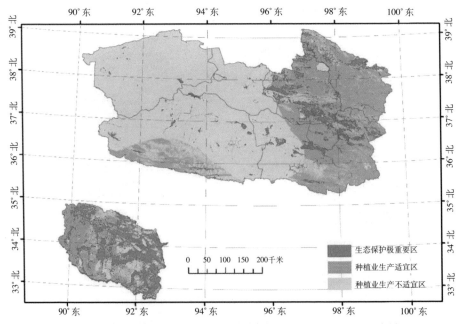

图4-27　青海省省级评价中的海西州种植业生产适宜区评价结果

没有充分考虑热量和海拔条件，导致天峻县、唐古拉山镇、哈拉湖盆地等区域划入适宜区。州级评价充分考虑了热量条件、土壤条件，更加微观，并与实际耕地的分布一致（图4-28）。

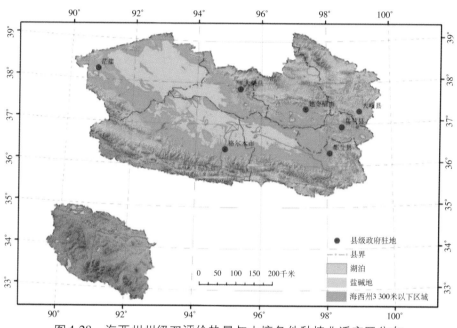

图4-28　海西州州级双评价热量与土壤条件种植业适宜区分布

三、城镇建设适宜区评价成果对接

省级双评价城镇建设适宜区成果在范围内的表现较宏观（图4-29）。而州级双评价则更多地完善了评价规则，考虑了区位因素，同时考虑了多种具体的限制条件，同时对比了建设用地的分布现状。具体表现在将自然保护区（包括国家公园、自然保护区、自然资源公园）排除在建设适宜区之外。另外将都兰县的四乡四镇、大柴旦的柴旦镇等长期人类活动的居住点，列为适宜区。

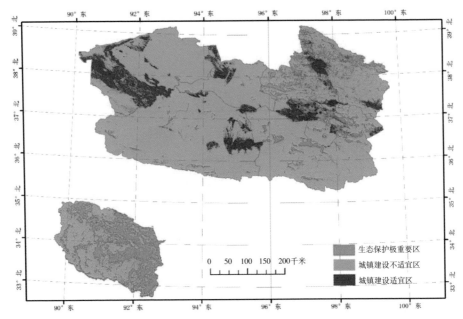

图4-29　省级评价中的海西州城镇建设适宜区评价结果

四、省级与州级成果对接不一致的问题处理建议

根据双评价指南，省级评价与州级评价的关系，可概况为省级评价具有高度的概括性、方向性、指导性，州级评价是对省级评价成果的一种完善、细化、调整。具体来说，省级侧重于全省的宏观评价，具指导性。州级侧重于细节评价，补充和完善及调整省级评价成果。州级评价应该在省级评价的基础上进一步细化完善，对不一致的问题，建议进行如下处理。

第一，成果对接是一个相互对接的过程。以土地利用现状为依据，以自然资源禀赋为准则进行判断。无论是省级双评价，还是州级双评价，其成果尽量要与现状保持一致。为此，省级、州级都要把与土地利用现状严重不符的内容，进行自我修正。

第二，省级评价成果要征询州市的意见，州市级评价成果要广泛征询县市的意见。根据反馈意见，进行完善修改，方可实现上级双评价成果对下级的指导作用。

第三，在生态保护重要性评价方面，青海省省级生态保护重要性评价成果具有宏观性，州级的双评价生态保护重要性，在省级的基础上，进行了进一步的补充完善与调整。之后基本覆盖了所有的国家级湿地、自然保护区、自然资源公园。

第四，农业畜牧业适宜性评价方面，海西州双评价在省级双评价的基础上，对不适宜区进行了进一步的甄别与剔除。种植业适宜区方面，州级评价将热量条件与土壤质地纳入约束指标，补充完善了省级双评价成果。

第五，城镇建设适宜性方面，州级在省级的基础上，根据人类活动的历史和居民点的现状，进一步对细节内容进行了补充完善。

总之，州级双评价在省级双评价成果的基础上，进一步补充完善和调整，使州级评价成果与土地利用现状更加一致，与各种管控规划更加适应。

第五章　现状问题和风险

第一节　空间冲突

一、生态保护中的空间冲突

用生态保护重要区极重要区与三调成果中的商服用地、工矿仓储用地、住宅用地、公共管理与公共服务用地、特殊用地、交通运输用地做交集，得到生态保护中的空间冲突面积与位置。因图斑过小，在图上显示不出来，所以没有用图表示。冲突结果如表5-1所示。

表5-1　海西州生态保护极重要区开发利用地类分布

行政区名称	一级地类代码	一级地类名称	面积（千米²）
格尔木市	10	交通用地	11.26
德令哈市	10	交通用地	3.86
茫崖市	10	交通用地	0.65
乌兰县	10	交通用地	1.11
都兰县	10	交通用地	1.02
天峻县	10	交通用地	2.83
合计			20.73

从上表可以看到，冲突面积较大的地区依次为格尔木市、德令哈市、天峻县、乌兰县、都兰县，最后是茫崖市，大柴旦没有冲突空间。冲突地类是交通用地。总的冲突面积只有20.73千米²。主要原因是进行生态保护重要性评价时，不能将经过自然保护区的公路铁路等建设用地剔除。

二、农业生产中的空间冲突

将种植业不适宜区与耕地、永久基本农田求交集，得到农业生产中的空间冲突。或者在耕地、永久基本农田中，擦除适宜区，余下的就是农业生产中的空间冲突。由于海西州全部是绿洲农业，全为水浇地，全部不在生态保护重要区，也不在生态红线范围内，所以没有空间冲突。

畜牧业适宜性评价，本身就排除了生态保护极重要区，所以这部分没有空间冲突。由于部分草地位于生态保护极重要区，可能有牧民放牧的行为，所以需要完善后期的法律法规。

渔业生产主要位于德令哈柯鲁柯湖，现为湿地公园，自2020年就不再进行渔业生产，所以没有冲突。

三、城镇建设中的空间冲突

将城镇建设用地与城镇建设不适宜区求交集，得到城镇建设不适宜区中的城镇用地，评价结果如表5-2所示。

由于本次评价中，对于工矿用地和交通用地等部分没有单独进行评价，所以空间冲突里包含了这部分的建设用地。

表5-2　海西州建设用地空间冲突

单位：千米^2

用地类型	格尔木市	德令哈市	茫崖市	乌兰县	都兰县	天峻县	大柴旦行委	总计
工业用地	64.95	16.02	1.60	8.44	0.87	0.56	6.49	98.93
仓储用地	0.14	0.06	0.10	0.07	0.01	0.23	0.01	0.62
总计	65.09	16.08	1.70	8.51	0.88	0.79	6.50	99.55

四、空间冲突的解决方案

从以上分析可以看到，海西州空间冲突主要源于生态保护中的空间冲突与城镇建设中的空间冲突。从生态保护重要性冲突来说，主要就是生态保护极重要区中的交通用地。造成冲突的原因是评价过程中使用了250米分辨率的卫星影像，没有剔除公路与铁路用地。所以生态保护极重要区中的冲突就是交通用地冲突。建设不适宜区中的冲突主要是工业用地。由于工业用地较为复杂，很多是独立选址性质。同时随着新能源用地的增加，新能源设施用地也会按建设用地出现在不适宜区。这种现象会在国家相应的政策明确后减少。

地质灾害发生地的不适宜区，目前没有。根据调查，许多地质灾害发生后，主管部门做了许多治理工作，同时根据不适宜性将一些建设用地迁移，所以不存在冲突。

五、区域资源环境承载状态

（一）农业生产承载状态

1.种植业承载状态

根据三调结果，海西州现有耕地68.54万亩。海西州种植业承载规模为125.83万亩，承载率为54.47%，不超载。

2.畜牧业承载状态

根据海西州2020年统计公报，2020年末全州牛存栏30.29万头，羊存栏262.04万只，牛出栏8.11万头，羊出栏152.19万只。按1头牛合4羊单位，全州合计实际载畜量为567.83万羊单位。全州畜牧业理论承载量为641万羊单位，实际承载率为88.59%，临界超载。

（二）城镇建设承载状态

从表5-3得出，承载率为30.49%，城镇建设用地不超载。

表5-3　水资源约束下海西州城镇建设承载规模评价结果汇总

单位：千米^2

区域	可承载建设规模	城镇建设面积现状
格尔木市	241.65	114.42
德令哈市	143.92	13.15
茫崖市	43.50	32.08

（续）

区域	可承载建设规模	城镇建设面积现状
乌兰县	52.89	12.07
都兰县	230.10	37.43
天峻县	15.46	5.93
大柴旦行委	46.63	20.93
小计	774.15	236.01

（三）小结

根据以上分析，归纳出海西州区域资源环境承载力状态一览表，如表5-4所示。

表5-4 海西州资源环境承载状态

类别	理论承载规模	实际承载规模	承载率	结论
畜牧业（万羊单位）	641	567.83	88.59%	不超载
种植业（万亩）	125.83	68.54	54.47%	不超载
城镇空间（千米^2）	774.15	236.01	30.49%	不超载

第二节 存在的问题

虽然从海西州总体来看，农业用地与城镇建设用地都没有超载，但仍然存在诸多问题。

一、水资源方面

海西州处于极度干燥地区，本地区雨水极少，其水资源来自地表径流与地下水资源。根据表5-5，海西州用水最多的是农业，其次是工业，再次是生态用水，最后是生活用水。

表5-5　海西州2019年水资源用水量

单位：万米^3

行政区	农业用水量	工业取用水量	生活用水量	生态环境补水量	总取用水量
格尔木市	23 828.41	7 834.09	1 925.98	1 066.43	34 654.91
德令哈市	11 797.74	3 337.85	875.88	4 772.61	20 784.08
茫崖市	260.71	666.18	243.12	220.00	1 390.01
乌兰县	6 755.60	146.75	167.79	9.75	7 079.89
都兰县	30 551.36	108.17	258.94	46.00	30 964.47
天峻县	480.10	8.90	145.29	10.95	645.24
大柴旦	1 660.00	1 374.49	86.00	60.00	3 180.49
合计	75 333.92	13 476.43	3 703.00	6 185.74	98 699.09

从水资源的分配来看，用水最多的是农业与工业。海西州的主要工业类型为采矿、盐湖化工、煤矿、有色金属等。水土保持方面，海西州基本上做得比较好，主要是一些地表径流的水源地需要加大力度保护。

二、水平衡方面

供需平衡分析主要是对区域工程可供水量现状与未来水平年用水需求间的平衡分析。因此主要从水资源需求和工程可供水资源量现状两个方面考虑。在水资源需求方面，首先要求优先满足居民生活和生态环境用水，同时充分考虑规划区水资源紧缺状况，通过采取强化节水措施，提高用水效率和节水水平，抑制经济社会用水需求过快增长等方法计算得到规划水平年需水。在水资源供给方面，主要考虑不新增供水工程条件现状下各分区的可供水量，在供水能力范围内，优先保证生活用水，统筹安排工业、农业和其他行业用水。海西州农业用水占总用水量的一半以上，目前农业用水基本上供需平衡。但海西州工业用水会慢慢地增加，导致地区水平衡失衡，如表5-6所示。

表5-6 不同水平年工业园区所在的四级分区在工程供水现状下一次供需平衡结果

单位：万米³

工业园区	四级区	2015年			2020年			2030年		
		供水量	需水量	缺水量	供水量	需水量	缺水量	供水量	需水量	缺水量
格尔木工业园区	合计	27 665	35 620	7 955	25 642	40 943	15 301	23 781	47 498	23 717
	那棱格勒河乌图美仁区	1 898	6 204	4 306	1 849	5 928	4 079	1 807	7 194	5 387
	格尔木区	25 767	29 416	3 649	23 793	35 015	11 222	21 974	40 304	18 330
德令哈工业园区	巴音河德令哈区	21 667	27 020	5 353	18 949	28 927	9 978	17 706	31 120	13 414
乌兰工业园区	都兰湖水系	3 332	4 165	833	3 168	3 610	442	3 107	3 712	605
大柴旦工业园区	合计	2 822	4 401	1 579	2 917	6 924	4 007	2 891	8 112	5 221
	鱼卡河马海区	2 514	3 178	664	2 629	5 778	3 149	2 629	6 806	4 177
	小柴旦湖水系	308	1 223	915	288	1 146	858	262	1 306	1 044

数据来源：柴达木水资源综合规划报告。

第三节 未来变化趋势和风险

随着生态保护力度的加大，水资源需要优先供应生态用水、居民生活用水，其次是农业用水与工业用水。

所以在农业发展时，尽量采用节水措施，工业发展时，应该绿色环保低耗水产业优先发展。

未来农业基本上保持现状，工业用水量快速增加，主要用于马海、西台吉乃尔、一里坪、鱼卡煤矿等地区。用水量增加的同时，会造成地下水水位的上升。在马海地区有可能造成土地盐碱化。同时随着工业开发强度的加大，封闭的流域排污问题或许会日益严峻。

第六章　潜力与情景分析

第一节　潜力分析

一、农业生产潜力分析

（一）种植业潜力分析

海西州现有耕地68.54万亩，水资源约束下种植业潜力有125.83万亩。空间约束下的海西州种植业有很大的潜力，但海西州以绿洲农业为主，水资源的分布时空不均衡，加上生态优先、工业用水，要根据所在流域水资源的特点，斟酌种植业后备资源的开发。海西州没有雨养田，空间约束下

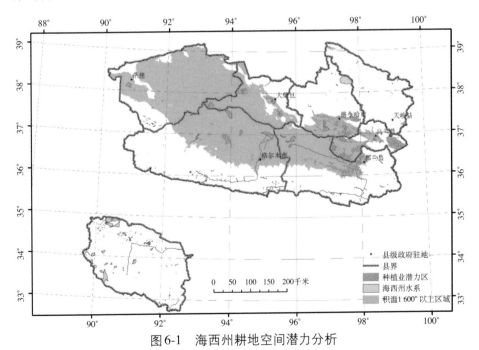

图6-1　海西州耕地空间潜力分析

承载规模，减去现有的耕地，为空间约束下的种植业潜力空间，如图6-1、表6-1所示。另外根据以水定地的原则，海西州水资源约束下的种植业承载规模为125.83万亩，海西州现有耕地68.54万亩，潜力空间有57.29万亩，如表6-2所示。

表6-1　土地资源约束下海西州可承载耕地规模评价结果汇总

区域	可承载耕地规模		耕地面积现状	
	（千米^2）	（万亩）	（千米^2）	（万亩）
格尔木市	946.8	142.02	68.75	10.31
德令哈市	1 908.47	286.27	113.59	17.03
茫崖市	726.78	109.02	0	0
乌兰县	2 799.31	419.90	12.38	1.86
都兰县	2 311.83	346.77	247.52	37.13
天峻县	73.25	10.99	0	0
大柴旦行委	516.94	77.54	14.74	2.21
海西州	9 283.38	1 392.51	456.98	68.54

表6-2　海西州水资源约束下的种植业潜力面积

区域	水资源约束下的种植业承载面积（万亩）	耕地面积现状（万亩）	水资源约束下的种植业潜力面积（万亩）
格尔木市	24.36	2.21	22.15
德令哈市	27.58	17.03	10.55
乌兰县	12.31	10.31	2.00
都兰县	57.25	37.13	20.12
大柴旦行委	4.33	1.86	2.47
合计	125.83	68.54	57.29

注：天峻县与茫崖市现在耕地为0，海西州也没有分配水资源，此处不统计。

（二）畜牧业潜力分析

全州畜牧业理论承载量为641万羊单位，实际承载率为88.59%，不超载。这是根据草地数量计算出来的，由于区域草地分布不均，加上可食用的草地并不能完全被利用等，畜牧业发展数量上潜力不大，但可以在畜牧结构、人工草场等方面挖掘潜力。

二、城镇建设潜力分析

将各行政区的水资源约束下的可承载规模与现在城镇建设面积进行比较，可以得到海西州城镇建设潜力面积，如表6-3、图6-2所示。

表6-3　水资源约束下海西州城镇建设承载规模评价结果

单位：千米^2

区域	可承载建设规模	城镇建设面积现状	城镇建设潜力面积
格尔木市	241.65	114.42	127.23
德令哈市	143.92	13.15	130.77
茫崖市	43.50	32.08	11.42
乌兰县	52.89	12.07	40.82
都兰县	230.10	37.43	192.67
天峻县	15.46	5.93	9.53
大柴旦行委	46.63	20.93	25.70
小计	774.15	236.01	538.14

其中，天峻县根据现有的水资源分配指标，水资源约束下的城镇建设承载规模小于现有的建设面积。天峻县水资源很丰富，分配的水资源指标与实际用水量应该有较大的出入。所以表6-3中对天峻县的潜力面积进行了适当的调整。

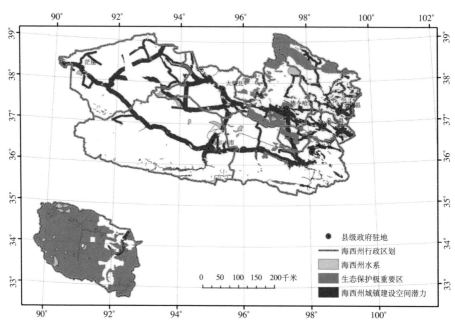

图6-2　海西州城镇建设用地空间潜力

第二节　情景分析

一、气候变化情景分析

人类大量使用化石能源，导致全球温室效应，使得现阶段全球气候变化总的趋势是气候变暖，降水增多或减少，形成暖湿或暖干两种变化趋势。

（一）暖湿变化

1.特征

温度上升，降水增多。

2.影响

从生态环境变化来看，温度上升会导致雪线上升，冰川退缩，同时增多的雨水会有利于植被的生长、水源涵养功能的加强、生物多样性的增多、生态极重要区和敏感区生态环境的改善。

从农业空间来看，温度上升，降水增多，导致水光热的组合优势加强，植被长势较旺盛，产草量增加，畜牧业得到进一步发展。许多农业后备资源区的潜力进一步增大，种植业潜力得到进一步增强。

从城镇建设空间来看，温度上升，降水增多，容易导致泥石流、崩塌等的发生概率增加，要大力加强地质灾害的监测与预防。另外，降水增多，海西州等地方地下水水位上升，低洼处容易形成洪涝，造成防洪线的上升，许多已建成区或规划区不宜再作为建设用地。

3.小结

对生态空间来说，有利于生态重要区和生态敏感区的稳定。空间范围一般不易再变动。对农业空间来说，增加草场第一生产力，有利于开发农业后备土地资源。对城市建设来说，提高泥石流、崩塌等的概率，造成地下水水位上升、城镇防洪压力增加。

（二）暖干变化

1.特征

温度上升，降水减少。

2.影响

从生态环境来看，温度上升会导致雪线上升，冰川退缩，同时减少的雨水不利于植被的生长，湿地减少甚至干涸，生态极重要区和敏感区生态环境大概率会恶化。

从农业空间来看，温度上升，降水减少，导致水光热的组合发生变化，缺水地区进一步加剧水荒，植被长势得到遏制，产草量减少，畜牧业发展受限，许多农业后备资源区的潜力减小。

从城镇建设空间来看，温度上升，降水增多，发生泥石流、崩塌等地质灾害的概率增加，所以要加强地质灾害的监测与预防。另外，降水减少，盆地内地下水水位下降，可以将地势较低的部分土地划为城镇建设适宜空间。

3.小结

生态空间范围扩大，农业生产潜力受损，种植业有可能部分撂荒，畜牧业承载规模有所减小，对城镇空间影响不大。

二、技术进步情景分析

（一）技术进步表现

1.农业技术进步情景

农业品种的改进体现在农业对恶劣气候水文条件的适应性增强，农产品品质提升。从水利来看，节水技术的发展使节水设施的成本下降及水资源利用率的提升。

2.工业技术进步情景

海西州的技术进步主要体现在石油化工、盐湖化工行业原材料利用率的上升，工业品品质的提升，新产品的开发，风电光伏电的发电成本的降低、外输送成本的下降等方面。

3.服务业进步情景

从交通设施的技术进步来看，铁路、公路、航空的全面进步发展使得海西州内外的交通更加便捷，成本更加低廉。从通信技术进步来看，通信更加便捷，覆盖面更广，服务费用更低。

（二）影响

农业技术进步，使农业潜力进一步释放，种植业面积增大。技术进步，工业会增加生产建设用地。服务业进步使得大量的建设用地成为交通、通信等基础设施用地。

（三）措施建议

加大农业种植面积，增加交通用地、公共服务设施用地，加大城镇建设用地。

总之，技术进步使得第一产业潜力得到进一步解放，可耕地面积加大，农业发展前景更好，种植业面积增加，畜牧业面积减少。第二产业成本下降，产品品质上升，市场竞争力增大，城镇空间增大。第三产业技术进步使得各项服务更加完善快捷，对各个行业发展都具有极大的促进作用。

三、重大基础设施情景分析

基础设施作为经济社会发展的基础和必备条件，抓好建设可以为发展积蓄能量、增添后劲，而建设滞后则可能成为制约发展的瓶颈。

（一）交通重大基础设施

1.**内容**

（1）铁路方面。目前已经建成柳格铁路、格库铁路。

（2）公路方面。已经有几条新的规划公路，另外柳格高速即将通车。

（3）机场方面。筹划建设天峻县通用机场、大柴旦水上雅丹通用机场、都兰县通用机场、茶卡盐湖通用机场。

2.**影响**

加快了外界商品的输入，提升了城镇区位地位，加大了城镇便捷空间，加强了资源的开发利用。

3.**措施**

种植业空间减少，畜牧业空间减少，城镇空间加大。

（二）水利重大基础设施

1.**内容**

（1）水利枢纽工程。主要有那棱格勒河水利枢纽工程、蓄集峡水利枢纽、哇沿水库、老虎口水库、诺木洪水库。

（2）人畜饮水安全项目。解决人饮工程水量和水质达标问题，有条件的城镇和乡村实现集中处理水质、集中水源、统一供水。

（3）防洪减灾。州内县域城镇河流堤防建设全面达标，重点乡镇防洪能力提高，基本建成工程设施达标、信息化管理全覆盖的防洪减灾体系。

（4）生态综合治理及水土保持。实施生态综合治理及水土保持项目，主要治理水源涵养地。

（5）跨区域调水。"引通济柴"工程，拟从通天河干流阿俄口河段左岸取水，通过两级泵站提水，经隧洞等输水建筑物输水进入柴达木盆地格尔木河上游的温泉水库，经水库调节后配置到各用水户。工程线路全长约89千米，规划2030年水平年调水2.7亿米^3。

2.**影响**

农业增加种植业面积，城镇居民生活品质提升，城镇建设减灾防灾能力提升，生态水源涵养功能得到加强。

3.**措施建议**

加大农田的种植范围，镇建设边界、生态空间保护不变。

（三）生态保护

1.内容

境内生态红线区、湿地需要保护。

2.影响

让生态保护工作正向、正规、常态，做到生态保护的体制机制理顺、法律法规完善、财政资金充足、人才队伍稳定、科技支撑有力。

3.措施建议

贯彻生态优先的理念。

四、生产生活方式的转变

（一）内容

1.生产方式转变

农业生产方式转变，由粗放型农业生产方式转变为集约式生产方式，增加投资，如滴灌手段、大棚、温室等。

工业生产方式转变，转变为低碳减排、绿色发展、循环发展。获得较好的生态环境，企业的生产成本有所上升。

2.生活方式转变

随着现在收入的增多，居民追求更高的生活品质。饮食从传统单一面食转为营养均衡的多种餐饮，住房需求从刚性需求转变为改善性需求，出行从公共交通工具转向私人汽车。

（二）影响

生产生活方式转变，需要更多的土地来满足人民日益增长的衣食住行及通信等需要。为此需要扩大城市建设空间、增加交通用地、增加公共设施用地等，核心就是增加建设用地数量。

（三）措施建议

根据人口总量、地区GDP的增长，规划时有计划地预留相应的城镇建设空间。

以上四种情景变化趋势如表6-4所示。

表6-4　不同情景下的四类空间面积变化趋势

情景模式		农业空间			城镇空间	生态空间
		种植业	畜牧业	渔业		
气候变化	暖湿	+	−	+	−	−
	暖干	−	−	−	+	+
技术进步	农业技术进步	+	−	+	○	−
	工业技术进步	○	○	○	+	−
	服务业进步	−	+	○	+	○
重大基础设施	交通	−	−	○	+	○
	水利	+	−	+	+	○
	生态保护	○	−	○	○	+
生产生活方式转变	生产	+	−	+	○	○
	生活	+	−	+	+	○

注：符号"＋、−、○"分别代表空间增加、减少、不变或不确定。

五、小结

从以上分析可以得出，种植业面积的增加一般是以减少畜牧业面积为代价。城镇空间的增加，意味着同期农业空间的减少。生态空间分为生态红线内的空间与红线外的空间。如果生态空间按生态红线划定，意味着生态空间在各种情景下都不变。但考虑到应该有一般的生态空间，所以此处讨论的是一般生态空间面积的变化。

第七章 成果应用

基于海西州资源、环境、风险、灾害四方面的评价结果，从国土空间格局优化、主体功能区优化、三条控制线划定、规划指标确定与分解、高质量发展的国土空间策略、各项专项规划六个方面提出评价成果应用的建议。

第一节 支撑优化国土空间格局

格局是国土空间规划战略定位和刚性管控要求的空间形态。国土空间开发适宜性评价用来确定不同区域适宜开发保护的方向，而资源环境承载能力确定土地和水资源条件能承载的开发强度。本次评价从海西州层面出发，提出生态保护、农业生产和城镇建设三大格局优化建议，结果可支撑空间布局优化和土地利用结构优化，确定国土空间开发功能和强度，为市级国土空间总体规划编制提供科学依据。

一、优化生态安全格局

海西州建立了以国家公园为主导的自然保护地体系。体系中，国家公园有三江源国家公园（部分）、祁连山国家公园青海片区；国家级自然保护区有6处、省级3处；国家级自然资源公园9座、省级2座；水源保护地6处，再加上冰川及永久积雪、科学评估区。形成了以2个国家公园为核心，9处自然保护区为骨干，11座自然资源公园为重要内容，冰川及永久积雪和科学评估区为重要补充的生态格局，详见表7-1、图7-1。

表7-1　海西州自然保护地体系

单位：千米²

保护地类型	保护地名称	所在区域	面积
国家公园	祁连山国家公园试点（青海片区）	天峻县	6 084.92
		德令哈市	1 537.16
	三江源国家公园试点	格尔木市南	2 655.10
自然保护地	青海柴达木梭梭林国家级自然保护区	乌兰县	1 008.32
		德令哈市	1 832.36
	青海可鲁克湖—托素湖国家级自然保护区	德令哈市	978.72
	青海都兰梭梭林国家级自然保护区	都兰县	581.58
	青海诺木洪省级自然保护区	都兰县	1 070.47
	青海三江源约古宗列国家级自然保护区	都兰县	45.24
	青海格尔木胡杨林省级自然保护区	格尔木市北	42.83
	青海三江源当曲国家级自然保护区	格尔木市南	6 278.96
	青海三江源格拉丹东国家级自然保护区	格尔木市南	10 378.97
	青海沱沱河省级自然保护区	格尔木市南	19 531.03
自然资源公园	青海德令哈柏树山省级地质自然公园	德令哈市	292.08
	青海德令哈尕海国家湿地自然公园	德令哈市	82.46
	青海格尔木昆仑山国家级地质自然公园	格尔木市北	324.04
	青海都兰阿拉克湖国家级湿地自然公园	都兰县	363.63
	青海都兰铁奎国家级沙漠自然公园	都兰县	72.63
	青海冷湖奎屯诺尔湖省级湿地自然公园	茫崖市	5.01
	青海冷湖雅丹国家级沙漠自然公园	茫崖市	2.98
	天峻布哈河国家级湿地自然公园	天峻县	70.06
	青海哈里哈图国家级森林自然公园	乌兰县	53.44
	青海乌兰金子海国家级沙漠自然公园	乌兰县	78.19
	乌兰都兰湖国家级湿地自然公园	乌兰县	79.94

（续）

保护地类型	保护地名称	所在区域	面积
水源地	巴音河傍河水源地	德令哈市	0.56
	察汗乌苏饮用水水源地保护区	都兰县	0.68
	大柴旦镇水源地	大柴旦	0.54
	冷湖镇水源地	茫崖市	3.22
	切克里克水源地	茫崖市	0.20
	上尕巴水源地	乌兰县	0.38
冰川及永久积雪	冰川及永久积雪	海西州	951.90
评估区	生态保护极重要区	海西州	7 235.63

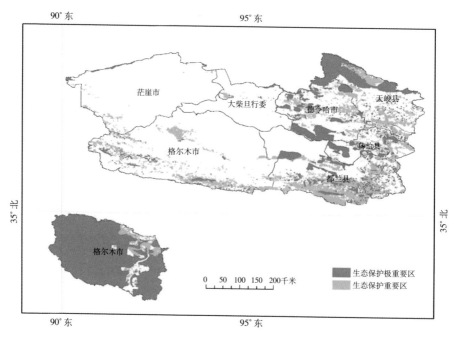

图7-1 海西州生态保护重要性评价结果

针对海西州的生态格局，提出以下优化建设：

（一）强化生态系统服务功能

明确水源涵养、防风固沙、水土保持、生物多样性保护等生态功能，守护自然生态，保育自然资源，维护自然生态系统健康稳定，强化生态系统服务功能。

（二）对生态空间进行分类管控

将生态保护极重要区作为生态控制区，按照禁止开发区域的要求进行管理，实施正面清单管控；结合农业生产和城镇建设战略，将生态功能丰富的生态重要区作为一般生态空间，按照限制开发区域的要求进行管理。

二、优化农业生产格局

海西州农业分为种植业、畜牧业。根据三调结果，海西州现有耕地68.54万亩。受到水资源条件的限制，海西州耕地承载规模为125.83万亩。根据双评价结果，提出如下建议：

（一）农业发展应该稳定农牧业生产面积，内涵式提升农产品发展水平

海西州种植业在水资源约束下的规模为125.83万亩，承载率为54.47%；畜牧业承载规模为641万羊单位，实际载畜量为567.83万羊单位，实际承载率为88.59%，种植业不超载，但畜牧业临界超载。

从承载率来看，海西州农业有较大的发展空间。但种植业容易开发的土地基本上开发完了，新的种植业空间开发，需要进行大规模的水利设施建设及土地整治，所以短期内增加种植业的面积，不是很现实。可以采取内涵式提升的方法，从调整种植结构、特色农业种植等方面入手。畜牧业处于临界超载，几乎没有发展空间。所以不建议扩大放牧规模，可适当在圈养舍饲方面及畜牧结构方面调整。

（二）海西州跨区承担占补平衡项目与水利设施的建设配套

海西州水资源约束下的承载规模为125.83万亩，目前拥有耕地68.54万亩，从数量来看，海西州总体拥有较大的占补平衡项目空间，但实际上不尽如此。

第一，当前状态下，水光热组合条件较好的地区都已经被开发为耕地，后续耕地资源开发需要较大的投入，尤其要与水利设施的建设进度配套。

第二，海西州由于大力发展经济作物，造成许多耕地种植经济作物。三调成果表明，种植园用地达到84.8万亩，主要种植枸杞。随着枸杞市场行情一路下滑，部分枸杞用地需要复垦为耕地。

第三，海西州水资源与土地资源时空不甚匹配。有些区域有地无水，如茶卡盆地，另外一些地方有水无地，如那棱格勒河流域，所以需要统筹考虑。

第四，海西州耕地及种植园地规模达到153万亩，按海西州的农业定额标准478米^3/亩计算，需水量已经达到7.32亿米^3。根据海西州水利局提供的2019年需水量，海西州农业用水量为7.53亿米^3。"十四五"期间，整个海西州用水量指标为13.58亿米^3，考虑到统计口径的差异及种植结构的变化，海西州不宜大规模承担跨区占补平衡的项目。

三、优化城镇建设格局

海西州目前城镇的布局特点是东部农业三县天峻县、乌兰县、都兰县城镇数量较多，西部茫崖市、大柴旦行委城镇数量少，格尔木与德令哈街道多，如表7-2所示。

表7-2　海西州乡镇街道

行政区	乡镇街道名称	格局	备注
格尔木市	昆仑路街道、黄河路街道、唐古拉山镇、大格勒乡、河西街道、西藏路街道、金峰路街道、郭勒木德镇、乌图美仁乡	两镇、两乡、五街道	河东、河西、察尔汗三委
德令哈市	河西街道、河东街道、火车站街道、尕海镇、怀头他拉镇、柯鲁柯镇、蓄集乡	三街道、三镇、一乡	
茫崖市	冷湖镇、茫崖镇	两镇	
乌兰县	希里沟镇、茶卡镇、铜普镇、柯柯镇	四镇	
都兰县	察汗乌苏镇、香日德镇、夏日哈镇、宗加镇、热水乡、香加乡、沟里乡、巴隆乡	四乡、四镇	
天峻县	新源镇、江河镇、木里镇、快尔玛乡、织合玛乡、苏里乡、阳康乡、龙门乡、生格乡、舟群乡	三镇、七乡	
大柴旦	柴旦镇、锡铁山镇	两镇	

目前，可考虑升格大柴旦行委的马海地区为马海镇，以带动马海、鱼卡等地区的发展。同时对乡镇数量多的县，可进行一些适当的合并。

第二节 支撑完善主体功能定位

主体功能区规划，就是根据省域不同区域的资源环境承载能力、现有开发强度和发展潜力，统筹谋划未来人口分布、经济布局、国土利用和城镇化格局，确定不同区域的主体功能，并据此明确开发方向，完善开发政策，控制开发强度，规范开发秩序。主体功能区按开发方式分为优化开发区域、重点开发区域、限制开发区域和禁止开发区域四类；按开发内容分为城市化地区、农产品主产区和重点生态功能区三类；按层级，分为国家和省级两个层面。各类主体功能区，在全国经济社会发展中具有同等重要的地位，只是主体功能不同，开发方式不同，保护内容不同，发展首要任务不同，国家支持重点不同。对城市化地区主要支持其集聚人口和经济；对农产品主产区主要支持其增强农业综合生产能力，对重点生态功能区主要支持其保护和修复生态环境。

根据2014年《青海省主体功能区规划》，海西州位于青海省重点开发区域中柴达木重点开发区域，是国家级兰州—西宁重点开发区域的重要组成部分。发展方向就是把海西州建成新型高原绿洲城市和资源加工基地，成为区域性的交通枢纽和物流中心，提高人口承载和经济集聚能力。

海西州双评价支撑省级主体功能区战略的精准落地。青海省省级主体功能区划（图7-2）更多的是一种战略规划，是一种示意图，但落实到县级市，需要更详尽的评价支撑。海西州通过"三区三线"的划定，将城镇发展边界范围，作为重点开发区域的落实范围，将生态红线范围作为禁止开发区，将农业空间和一般生态空间作为限制开发区域，精准落地，应用成果见图7-3。

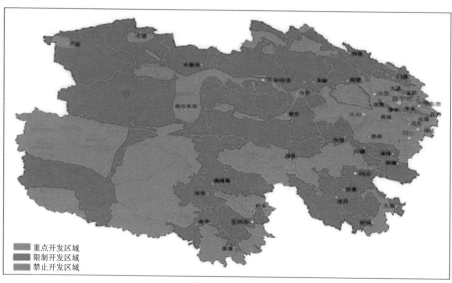

图7-2 青海省主体功能区划

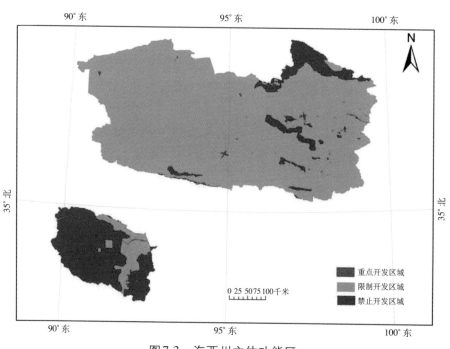

图7-3 海西州主体功能区

第三节　支撑划定"三区三线"

科学划定"三区三线"，区划生产、生活、生态"三生"空间，是协调自然资源科学保护与合理利用的基础性工作。

一、"三区三线"规划立足全要素保护

"三区"是指城镇、农业、生态空间。其中，城镇空间指以城镇居民生产生活为主体功能的国土空间，包括城镇建设空间、工矿建设空间以及部分乡级政府驻地的开发建设空间；农业空间指以农业生产和农村居民生活为主体功能，承担农产品生产和农村生活功能的国土空间，主要包括永久基本农田、一般农田等农业生产用地以及村庄等农村生活用地；生态空间指具有自然属性的以提供生态服务或生态产品为主体功能的国土空间，包括森林、草原、湿地、河流、湖泊、滩涂、荒地、荒漠等。"三线"是指生态保护红线、永久基本农田保护红线和城镇开发边界。

"三区"突出主导功能划分，"三线"侧重边界的刚性管控，新的"三区三线"规划要服务于全域全类型用途管控，管制核心要由耕地资源单要素保护向山、水、林、田、湖、草全要素保护转变。

二、海西州"三区三线"的划定

1."三区"的划定

城镇空间划定。按城镇开发边界线范围内空间为城镇空间，同时将城镇开发边界外的工矿用地划为城镇空间。

农业空间划定。按农业生产适宜区划定农业空间，含种植业、畜牧业，海西州传统的渔业资源丰富的区域都划入生态红线范围内，并且明令禁止捕捞，所以对渔业资源不再讨论。

生态空间划定。整个区域除了城镇空间与农业空间外的所有空间，划为生态空间，包括生态红线范围内的空间及一般生态空间。

根据以上规则，结合双评价结果，作出海西州"三区"示意图，如图7-4所示。

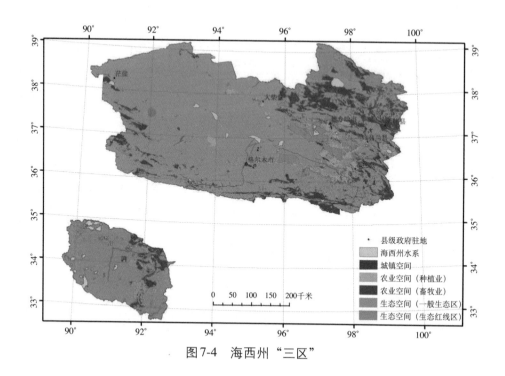

图7-4 海西州"三区"

2. "三线"的划定

（1）永久基本农田边界划定。永久基本农田的划定，是依据耕地分布现状、耕地质量、粮食作物种植情况、土壤污染状况，在严守耕地红线基础上，按照一定比例，将达到质量要求的耕地依法划入。划定过程中存在划定不实、违法占用、严重污染等问题的要全面梳理整改，确保永久基本农田面积不减、质量提升、布局稳定。海西州由于没有"上山入湖入海"的永久基本农田，所以基本农田边界不作调整。

（2）生态红线划定。按双评价的生态保护重要性评价结果，结合最新的生态红线边界划定成果，进行生态红线的划定。

（3）城镇开发边界线划定。海西州根据城镇建设适宜区范围，紧紧围绕"两个一百年"奋斗目标，落实国家和区域发展战略，依据上级国土空间规划要求，明确城镇定位、性质和发展目标。再根据城镇建设适宜性评价成果，初步划定城镇开发边界线。根据以上思路，结合双评价结果，作出海西州"三线"示意图，如图7-5所示。

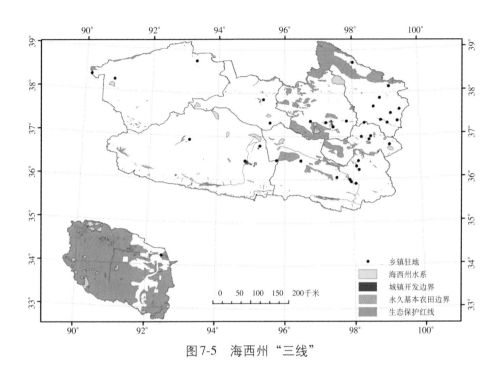

图 7-5　海西州"三线"

第四节　支撑规划指标确定与分解

一、国土空间规划的主要指标与分解指标简介

1. 主要指标

以分项策略指标为基础提炼规划主要指标。要以分项策略指标为基础，对应国家事权，把国家管控的底线性、强制性内容和须在国家层面统筹考虑的内容进行提炼，最后形成生态保护红线面积、湿地面积、耕地保有量、永久基本农田保护面积、建设用地总规模、新增建设用地规模、人均城镇建设用地、单位 GDP 地耗、碳排放强度等 22 项指标，作为全国国土空间规划纲要的规划主要指标。

2. 分解指标

以部门事权和考核管理为导向确定分解指标（分省指标）。规划主要指标中属于自然资源管理部门相关事权，以及需要重点进行管控或考核的指标应分解至各省，并要求予以层层落实，其中包括生态保护红线面积、湿地保护面积、自然岸线保有率、耕地保有量、永久基本农田保护面积、建设用地总规模、新增建设用地规模、人均城镇建设用地、单位GDP地耗等11项指标。

规划主要指标和分解指标是规划管控的核心内容，其中分解指标与分区策略指标均是要求下位规划落实的内容，但管控方式有所不同。分解指标在国家层面定量后要求下级层层分解落实；而分区策略指标在国家层面仅定指标类型，省、市级可根据实际情况进一步扩充，县级规划须根据上位规划确定的功能区类型，结合本地实际情况，确定具体指标数值，纳入国土空间规划按程序报批后予以实施。

二、海西州基于双评价的确定与分解规划指标

与双评价相关的指标主要有生态保护红线面积、湿地保护面积、永久基本农田保护面积、建设用地总规模。另外海西州需要安排占补平衡的耕地补充指标。

（一）生态保护红线面积

生态保护红线的划定，自2017年开始到最新一版，前后调整了20多次。目前最新版的生态红线范围为59 339.39千米^2，占区域面积的比例为19.73%。海西州根据各地的实际情况，给各市县行委分配指标，完成生态保护红线下达的各项指标。

（二）湿地保护面积

三调土地分类设置了一个一级分类，即湿地（00），包含沼泽草地（0402）、内陆滩涂（1106）、沼泽地（1108）三个二级分类。三调显示，海西州湿地面积12 270.58千米^2。根据各地湿地的实际情况，制定分类管制办法来进行保护（表7-3）。

（三）永久基本农田

海西州目前永久基本农田面积有390.53千米^2（58.58万亩）。根据自然资源部对新一轮的国土空间规划中关于永久基本农田的要求，对划定的永久基本农田中存在划定不实、违法占用、严重污染等问题的要全面梳理整

改，确保永久基本农田面积不减、质量提升、布局稳定。根据双评价，海西州不存在这个问题，所以永久基本农田保护不变化（表7-4）。

表7-3 海西州三调湿地面积

单位：千米²

行政区	沼泽草地（0402）	内陆滩涂（1106）	沼泽地（1108）	小计
格尔木市	2 634.86	2 903.05	183.64	5 721.55
德令哈市	213.15	508.54	168.58	890.27
茫崖市	228.02	73.55	198.36	499.93
乌兰县	112.92	139.80	77.65	330.36
都兰县	1 262.03	381.22	150.01	1 793.26
天峻县	2 219.17	629.87	25.07	2 874.11
大柴旦行委	55.72	95.57	9.81	161.10
合计	6 725.87	4 731.60	813.12	12 270.58

表7-4 海西州永久基本农田面积

行政区代码	行政区	面积（千米²）	面积（万亩）
632801	格尔木市	43.52	6.53
632802	德令哈市	96.33	14.45
632821	乌兰县	39.60	5.94
632822	都兰县	208.46	31.27
632857	大柴旦行委	2.62	0.39
	合计	390.53	58.58

（四）建设用地规模

海西州双评价中建设用地规模分成两种，一是水资源约束下的建设用地规模，二是空间约束下的建设用地规模。前者确定以水定人、以人定城的原则，根据水资源可利用量确定未来人口的规模，再以人口规模乘以人均建设用地指标，确定建设用地规模。后者根据地势、海拔、坡度、水资源、区位条件、禁止条件等指标，进行国土空间开发适宜性评价，得到建设用地总规模。具体过程在第四章的适宜区评价过程中有详述，最终结果是海西州适宜建设用地规模是 774.15 千米^2。

（五）占补平衡项目

青海省东部以西宁为中心的区域是重点发展区域，根据新增建设用地占补平衡政策，征占了农业用地，需要补充等量的农业用地。而海西州承担了相当数量的跨区占补平衡项目。

海西州耕地加种植园地达到 153 万亩规模，按海西州的农业定额标准 478 米^3/亩计算，需水量已经达到 7.32 亿米^3。根据海西州水利局提供的 2019 年需水量，海西州农业用水量为 75 333.92 万米^3，整个海西州用水量指标为 12.4 亿米^3，考虑到统计口径的差异及种植结构的变化，海西州不宜大规模承担跨区占补平衡的项目。

第五节　促进高质量发展的国土空间策略

党的十九届五中全会审议通过的《中共中央关于制定国民经济和社会发展第十四个五年规划和二〇三五年远景目标的建议》提到"坚持实施区域重大战略、区域协调发展战略、主体功能区战略，健全区域协调发展体制机制，完善新型城镇化战略，构建高质量发展的国土空间布局和支撑体系"。

一、坚持"一优两高"的国土空间规划理念

本轮国土空间总体规划将贯彻习近平生态文明思想，践行新发展理念，坚持青海省"一优两高"战略部署（"一优"是指坚持生态保护优先，"两高"是指推动高质量发展、创造高品质生活）。优化国土空间开发保护格局，推动形成绿色发展的生产生活方式。实现高质量的空间发展，关键是要明确空间单元的主体功能和管控要求，明确哪类空间要有序有度开

发，哪类空间要优化或重点开发，哪类空间要限制或禁止开发。海西州在双评价的基础上，初步可以划出"三区三线"的空间格局，在此基础上，明确生态保护极重要区是禁止开发区，永久基本农田是禁止开发成非农业用地，城镇空间是生产生活区，其他区域是限制开发区。

（一）坚持生态保护优先

生态优先，保护优先，树立底线思维，以资源环境承载力和国土空间开发适宜性评价为基础，以水源涵养、防风固沙、生物多样性保护为核心，以湿地保护与水源地保护为重要补充，推动自然生态系统的高质量保护。统筹划定生态保护红线、永久基本农田、城镇开发边界，科学布局生态空间、农业空间和城镇空间，强化生态服务功能，保障粮食安全，引导城镇集约适度。

（二）推动高质量发展

1.建立国土空间规划的战略性底线思维

国土空间规划的战略性底线思维是要以国土空间规划为依据，把城镇、农业、生态空间和生态保护红线、永久基本农田保护红线、城镇开发边界作为调整经济结构、规划产业发展、推进城镇化不可逾越的红线，立足本地资源禀赋特点，体现本地优势和特色。

在双评价基础上，以划出的海西州"三区三线"管控线为基础，明确生态红线与永久基本农田为保护底线，立足本地循环经济与绿洲农业的发展特点，在城镇开发边界线内进行生产生活。

2.空间价值转换与规划理念的更新

过去，人们在空间价值上追求直接经济效益与利益的最大化，以及满足增长的物质主义，到如今追求社会公平正义、文化和生态价值的守护与制造，这种转变是空间价值的回归。急风暴雨式的大城市疯狂扩张阶段对大多数城市而言已经结束，2035年总体规划可能就是城市远景发展的稳定框架，需要抓住最后的机会，守护城市长久价值的"终极规划"。

3.国土空间规划编制方法的认识

要充分认识地域资源禀赋差异和发展阶段差异，认识地方资源禀赋特点，顺应地方发展规律，科学理性制定国土空间发展策略，合理配置国土空间资源要素。在双评价的基础上，应该推进城乡发展质量评估和国土空间资源绩效评估。"全域规划"要求在省、市、县域范围内充分认识不同地区之间、城乡之间、城镇之间的发展差异和资源环境禀赋差异，采取差异化的发展策略、国土空间资源配置方法和规划管控手段；"全要素规划"要求以"三调"为基础，摸清"山水林田湖草""城乡绿文服产"等各类空间要素家底，建立国土空间基础信息平台，实现各类空间管控要素精准落地。"多规合一"要求政府各个部门充分协调，不同专业机构充分参与，充分吸收不同领域专家的智慧知识，运用大数据等新技术改进规划方法，提高规划编制水平。高质量发展、高品质生活的规划，要求广泛动员社会和公众参与规划编制，多方结合、社会协同，了解并满足居民美好生活和企业的发展。

二、坚持高水平治理

新时代国土空间治理首先要尊重自然规律，还要尊重经济规律、社会规律。其中，自然规律要求尊重自然、顺应自然、保护自然，空间开发与治理要与资源环境承载能力相适应；社会规律要求以人民为中心，打造人类命运共同体；经济规律不能等同于自由主义市场模型，不能把市场的决定性作用理解为资本的决定性作用。要立足国情，从实际出发，发挥制度、文化等"禀赋"资源的优势，用好市场"无形之手"、政府"有形之手"、社会"有情之手"、技术"无情之手"以及自然界的"自然之手"，综合运用法律、财政、税收、土地等政策措施，推动国土空间规划与治理的创新、协调和持续性发展。

三、海西州实施"一优两高"战略空间发展的建议

（一）高起点打造生态空间，高质量推进生态修复

海西州现在已经形成了以水源涵养、防风固沙、生物多样性保护为核心，以湿地保护与水源地保护为重要补充的空间格局。在此基础上，明确水源涵养、水土保持、生物多样性保护等生态功能，守护自然生态，保育自然资源，维护自然生态系统健康稳定，强化生态系统服务功能。

（二）规划集约高效的产业空间

推动农业提质增效，规划建设现代高效特色农业带、乡村振兴示范

区，使得生态经济与生态保护共进，循环经济让产业不断优化升级，飞地经济飞出价值和效率，数字经济跑出后发先至的加速度。

第六节 支撑各项专项规划

县域国土空间规划分成三类，包括市县国土空间总体规划、中心城区详细规划、各种专项规划，向下一级规划就是乡镇国土空间规划。

双评价是国土空间规划的前提与基础，也是各类专项规划的基础。根据《海西州国民经济和社会发展第十四个五年规划和二〇三五年远景目标纲要（草案）》，海西州在"十四五"期间，会实施一大批重大工程，所有的工程在落实前都需要进行专项规划。双评价结果可作为各类专项规划的基础。

第七节 提升资源环境承载能力的路径

一、提升生态空间资源环境承载能力

（一）生态空间简介

自然生态空间（以下简称生态空间），是指具有自然属性、以提供生态产品或生态服务为主导功能的国土空间，涵盖需要保护和合理利用的森林、草原、湿地、河流、湖泊、滩涂、岸线、荒地、荒漠、戈壁、冰川、高山冻原等。生态空间可按生态保护重要性简单分成生态保护红线内生态空间和红线外生态空间，前者为重要生态空间，后者为一般生态空间。

（二）海西州的生态空间格局

海西州建立了以国家公园为主导的自然保护地体系。体系中，国家公园有三江源国家公园（部分）、祁连山国家公园青海片区；国家级自然保护区有6处，省级3处；国家级自然资源公园9座、省级2座；水源保护地6处，再加上冰川及永久积雪、科学评估区。形成了以2个国家公园为核心，9处自然保护区为骨干，11座自然资源公园为重要内容，冰川及永久积雪和科学评估区为重要补充的生态格局。

1.实行最严格的生态保护政策

生态保护红线原则上按禁止开发区域的要求进行管理。严禁不符合主体功能定位的各类开发活动，严禁任意改变用途，严格禁止任何单位和个人擅自占用和改变用地性质，鼓励按照规划开展维护、修复和提升生态功能的活动。因国家重大战略资源勘查需要，在不影响主体功能定位的前提下，经依法批准后予以安排。

生态保护红线外的生态空间，原则上按限制开发区域的要求进行管理。按照生态空间用途分区，依法制定区域准入条件，明确允许、限制、禁止的产业和项目类型清单，根据空间规划确定的开发强度，提出城乡建设、工农业生产、矿产开发、旅游康体等活动的规模、强度、布局和环境保护等方面的要求，由同级人民政府予以公示。

2.严格实行用途管制

从严控制生态空间转为城镇空间和农业空间，禁止生态保护红线内空间违法转为城镇空间和农业空间。加强对农业空间转为生态空间的监督管理，未经国务院批准，禁止将永久基本农田转为城镇空间。鼓励城镇空间和符合国家生态退耕条件的农业空间转为生态空间。

生态空间与城镇空间、农业空间的相互转化利用，应按照资源环境承载能力和国土空间开发适宜性评价，根据功能变化状况，依法由有批准权的人民政府进行修改调整。

禁止新增建设占用生态保护红线，确因国家重大基础设施、重大民生保障项目建设等无法避让的，由省级人民政府组织论证，提出调整方案，经生态环境部、国家发改委会同有关部门提出审核意见后，报经国务院批准。生态保护红线内的原有居住用地和其他建设用地，不得随意扩建和改建。

严格控制新增建设占用生态保护红线外的生态空间。符合区域准入条件的建设项目，涉及占用生态空间中的林地、草原等，按有关法律法规规定办理；涉及占用生态空间中其他未作明确规定的用地，应当加强论证和管理。

3.加强生态空间的生态修复

鼓励各地根据生态保护需要和规划，结合土地综合整治、工矿废弃地复垦利用、矿山环境恢复治理等各类工程实施，因地制宜促进生态空间内建设用地逐步有序退出。

禁止农业开发占用生态保护红线内的生态空间，生态保护红线内已有的农业用地，建立逐步退出机制，恢复生态用途。

严格限制农业开发占用生态保护红线外的生态空间，符合条件的农业开发项目，须依法由市县级及以上地方人民政府统筹安排。生态保护红线外的耕地，除符合国家生态退耕条件，并纳入国家生态退耕总体安排，或因国家重大生态工程建设需要外，不得随意转用。

有序引导生态空间用途之间的相互转变，鼓励向有利于生态功能提升的方向转变，严格禁止不符合生态保护要求或有损生态功能的相互转换。

科学规划、统筹安排荒地、荒漠、戈壁、冰川、高山冻原等生态脆弱地区的生态建设，因各类生态建设规划和工程需要调整用途的，依照有关法律法规办理转用审批手续。

二、提升农业空间资源环境承载能力

（一）种植业

1.海西州种植业概况

根据三调数据，海西州现有耕地68.54万亩。海西州农业是绿洲农业，水资源是制约本地农业发展的最大因素。按现有的农业灌溉定额478米^3/亩标准，海西州种植业粗放式增长模式潜力不大，应该着重在挖掘内涵、加强集约化利用方面挖掘潜力。

2.提升农业空间资源环境承载力的路径

加强水资源的合理使用，其指导思想是开源节流。开源就是兴建水利枢纽，跨区调水。节流就是节约用水，提高水资源的使用效益。

从农业灌溉系数来说，2019年海西州农业灌溉系数为0.477，2019年《中国水资源公报》公布全国平均灌溉系数为0.559。根据2010年的全国水资源综合规划，2030年全国平均灌溉系数达到0.6。所以可以使用一些工程技术，来提高海西州的灌溉系数。

从农业灌溉方式来说，目前海西州的灌溉方式基本上是大水漫灌，可适当采用滴灌与喷灌方式。

（二）畜牧业

1.海西州畜牧业概况

畜牧业一般可分为牧区畜牧业和农业区畜牧业。畜牧业区域主要包括草原区和荒漠区。农业区畜牧业的饲养方式以圈养为主，饲料主要来自种植的饲料作物。

根据海西州统计资料，2019年草食畜存栏456.33万羊单位，畜牧业承载规模为641万羊单位，实际承载率为71%，不超载。

2.提升畜牧业承载能力的路径

受到草地生产能力的制约，秉承以草定畜的发展理念，海西州牧区畜牧业发展潜力不大。但可以从发展农业区畜牧业方面，提升承载能力。畜牧业可以从调整养殖结构、优化养殖方式、发展暖棚圈养、采用地域标识等方面，挖掘畜牧业潜力。

三、提升城镇空间资源环境承载能力

（一）海西州城镇空间概况

海西州现有城镇建设用地面积236.01千米^2，前文评价出来的水资源约束下的城镇建设规模为774.15千米^2。相对而言，承载率上有较大的发展潜力。

（二）提升城镇空间承载力的路径

1.积极探索存量发展为主的土地利用模式

近年来，全国新增建设用地计划执行量呈逐年下降趋势，每年新增指标均有结余。北京、上海等地新一轮城市总体规划已陆续提出"总量锁定、减量发展、存量优化"等理念。海西州也需要积极探索以存量发展为主的土地利用模式来提升城市空间承载力。

2.积极推进新农村建设和高原美丽乡村建设

通过新农村建设与美丽乡村建设，盘活存量建设用地指标，在高水平安置农民的同时，获取存量建设用地指标。

第八章　海西州双评价中存在的问题与不足

海西州双评价项目组用了近两年时间完成了专题研究报告，但仍然存在诸多不足。

1.双评价理论研究尚有不足

为了让作业单位顺利开展双评价，自然资源部邀请专家先后多次发布了可业务操作的双评价指南。随着时间的推进，双评价指南的本子越来越薄，对许多问题没有明确提出解决方案，需要作业单位有相当经验的人员去承担评价工作。同时造成不同作业单位评价成果的差异较大。

2.数据源严重不足

（1）有数据但难以收集。整个评价需要大量的基础数据作支撑。有些数据目前仍难以收集，如气象数据，目前收集到了德令哈市、大柴旦行委、乌兰县的全部数据，但都兰县、茫崖市、天峻县、格尔木市的数据只收集到了国家台的数据，而地方台站的数据收集不到。

（2）没有数据或数据不全。有些数据青海省没有做，如珍稀濒危动植物的分布范围、草地类型的矢量图、地下水埋深（个别地方做了）、土壤pH、土壤厚度等。部分数据在一些地区完成，但没有大范围内普查，如地下水水位。

（3）数据精度不足。土壤类型、土壤质地数据精度不足。目前全国土地类型只有中科院南京湖泊所于20世纪90年代完成的1∶1 000 000的土壤类型图。海西州土壤质地资料几乎没有。期待2022年起开展的第三次全国土壤普查能获取较好的成果。

3.阈值尚不明确

评价过程中，大量采用了遥感影像作为数据源。但遥感影像本身受到采集时间的限定，以及处理过程中阈值设定的不同，使得结果存在差异。同时，进行缓冲区分析时，地广人稀的海西州与东部地区有所差异，所以设置阈值需要研讨。

4.有些理论基础尚待明晰

评价过程中，对有些理论需要进一步明确。如城镇适宜区评价中，指南中只约定坡度、生态保护极重要性、自然保护地、地质灾害不宜区几个条件，但在评价实践中，是否仅凭这几条就可以了？与区域交通、中心城区等有没有关系？新能源用地是否属于城镇用地？对以上问题没有明确的规定。

5.评价结果需要进一步约束

由于条件不足，种植业适宜区范围、城镇建设适宜区范围需要进一步进行约束。海西州种植业适宜区评价结果为 9 283.38 千米^2（1 392.51 万亩）。这个数据需要根据土壤厚度、土壤质地、地下水埋深、pH 进一步约束，缩小适宜区范围。

附　　录

附表1　海西州生态保护重要性评价结果汇总

区域	极重要		重要	
	面积（千米²）	比重（%）	面积（千米²）	比重（%）
格尔木市	43 083.00	63.57	9 346.51	22.25
德令哈市	10 548.20	15.56	4 646.22	11.06
茫崖市	480.34	0.71	717.76	1.71
乌兰县	2 488.89	3.67	2 675.96	6.37
都兰县	7 281.47	10.74	18 007.78	42.86
天峻县	3 655.68	5.39	6 455.00	15.36
大柴旦行委	233.37	0.34	164.15	0.39
小计	67 770.95	100.00	42 013.38	100.00
占海西州面积比例		22.52		13.96

附表2　海西州农业生产适宜性评价结果汇总

区域	种植业				畜牧业			
	适宜		不适宜		适宜		不适宜	
	面积（千米²）	比重（%）	面积（千米²）	比重（%）	面积（千米²）	比重（%）	面积（千米²）	比重（%）
格尔木市	946.80	10.20	118 247.95	40.45	8 229.52	18.85	110 946.09	43.13
德令哈市	1 908.47	20.56	25 850.25	8.84	10 009.83	22.93	17 755.82	6.90
茫崖市	726.78	7.83	49 164.11	16.82	1 688.49	3.87	48 202.41	18.74
乌兰县	2 799.31	30.15	9 442.82	3.23	4 566.15	10.46	7 683.79	2.99
都兰县	2 311.83	24.90	42 911.04	14.68	10 797.93	24.74	34 467.46	13.40
天峻县	73.25	0.79	25 539.85	8.74	7 774.12	17.81	17 838.98	6.94
大柴旦行委	516.94	5.57	20 385.70	6.97	581.40	1.33	20 317.70	7.90
海西州	9 283.38	100.00	291 541.72	100.00	43 647.44	100.00	257 212.25	100.00

附表3 海西州城镇建设不适宜区结果汇总

区域	不适宜	
	面积（千米²）	比重（%）
格尔木市	110 414.00	43.07
德令哈市	23 288.20	9.08
茫崖市	39 898.30	15.56
乌兰县	8 705.58	3.40
都兰县	39 210.00	15.30
天峻县	20 388.70	7.95
大柴旦行委	14 450.73	5.64
小计	256 355.51	100.00

附表4 海西州城镇建设适宜区结果汇总

区域	适宜	
	面积（千米²）	比重（%）
格尔木市	8 699.41	19.60
德令哈市	4 482.64	10.10
茫崖市	9 997.33	22.52
乌兰县	3 545.86	7.99
都兰县	6 021.16	13.56
天峻县	5 234.30	11.79
大柴旦行委	6 409.52	14.44
小计	44 390.22	100.00
占海西州面积的比重		14.75

附表5　土地资源约束下海西州可承载耕地规模评价结果汇总

区域	可承载耕地规模		耕地面积现状	
	（千米²）	（万亩）	（千米²）	（万亩）
格尔木市	946.8	142.02	68.75	10.31
德令哈市	1 908.47	286.27	113.59	17.03
茫崖市	726.78	109.02	0	0
乌兰县	2 799.31	419.90	12.38	1.86
都兰县	2 311.83	346.77	247.52	37.13
天峻县	73.25	10.99	0	0
大柴旦行委	516.94	77.54	14.74	2.21
海西州	9 283.38	1 392.51	456.98	68.54

附表6　水资源约束下海西州可承载耕地规模评价结果汇总

情景	农业用水量（亿米³）	农田灌溉有效系数	亩均耕地灌溉用水量（米³/亩）	可承载的耕地规模		耕地面积现状	
				（千米²）	（万亩）	（千米²）	（万亩）
农业技术进步，加大农业投资力度，采用滴灌等节水灌溉模式，每亩用水明显减少	4.39	0.48	300	1 463	219	456.98	68.54
生产生活方式转变，大力发展旅游产业，减少高耗水工业发展。工业技术进步，工业耗水减少三分之一	5.96	0.48	630	946	141	456.98	68.54
加大农业投资力度，林地等采用滴灌，提高有效系数，林地等省水一半	7.16	0.60	630	1 136	170	456.98	68.54

附表7　土地资源约束下海西州城镇建设承载规模评价结果汇总

区域	可承载建设规模（千米²）	城镇建设面积现状（千米²）
格尔木市	8 699.41	114.42
德令哈市	4 482.64	13.15
茫崖市	9 997.33	32.08
乌兰县	2 799.31	12.07
都兰县	2 311.83	37.43
天峻县	5 234.30	5.93
大柴旦行委	516.94	20.93
小计	44 390.22	236.01

附表8　水资源约束下海西州城镇建设承载规模评价结果汇总

情景	城镇可用水量（亿米³）	城镇人均需水量（米³）	可承载城镇人口规模（万人）	人均城镇建设用地（米²/人）	可承载城镇建设用地规模（千米²）	城镇建设用地面积现状（千米²）
现状 $\beta = 0.2$，$k = 0.05$	0.62	82.3	75.6	895	774.15	236.01
城镇生活用水增多，工业用水减少。严格控制工业用水，人口增加。$\beta = 0.4$，$k = 0.04$	0.49	85	57.64	895	515.87	236.01
城镇生活用水增多，高耗水产业减少，工业继续加强，总的工业用水量增多。风电、光伏电产业加强。农业投资力度加大，林地、园地多采用滴灌技术，农业用水减少。$\beta = 0.4$，$k = 0.08$	0.98	85	115.3	895	1 031.19	236.01

附表9　海西州地质灾害分布点

行政区	序号	灾害类型	位置	名称	灾害规模
	1	崩塌	95° 5′ 51.1″ 36° 12′ 49.4″	格尔木市鸿岩石材加工厂Ⅱ号花岗岩矿区1#崩塌	小型
	2	崩塌	95° 5′ 56.1″ 36° 12′ 34.4″	格尔木市鸿岩石材加工厂2#崩塌	小型
	3	崩塌	91° 1′ 0.7″ 36° 45′ 48.5″	索拉古尔铜矿	中型
	4	崩塌	93° 46′ 22″ 36° 18′ 59″	白云公司蛇纹岩矿	小型
	5	崩塌	94° 46′ 15.5″ 36° 8′ 48.0″	格尔木水电站发电厂	中型
	6	崩塌	94° 46′ 19.8″ 36° 8′ 42.6″	乃吉里水库塌岸	小型
	7	崩塌	94° 48′ 32.3″ 36° 6′ 13.0″	小干沟电站厂房区	小型
格尔木市	8	崩塌	94° 47′ 13.1″ 35° 55′ 44.5″	一线天水库塌岸	小型
	9	崩塌	94° 50′ 35.8″ 35° 55′ 32.4″	格尔木投鑫矿业有限公司雪水河石灰岩矿	小型
	10	崩塌	94° 44′ 46.0″ 35° 54′ 1.2″	格尔木市水电有限公司一线天电站库区	中型
	11	崩塌	94° 23′ 50″ 35° 39′ 50″	东大滩金锑矿	中型
	12	崩塌	94° 41′ 48.7″ 36° 13′ 12.8″	格尔木永信采石场低山头北花岗岩矿崩塌	小型
	13	崩塌	94° 21′ 11.9″ 35° 54′ 35.0″	格尔木昆仑宝玉石有限公司纳赤台地区沧口软玉矿	小型
	14	崩塌	92° 54′ 56.8″ 36° 47′ 15.0″	青海铭鑫格尔木矿业有限公司全红山铁矿	小型
	15	崩塌	93° 42′ 41.1″ 36° 20′ 5.2″	青海中航玉丰矿业有限公司大灶火西南山青玉矿	小型

（续）

行政区	序号	灾害类型	位置	名称	灾害规模
	16	崩塌	93° 15′ 2.14″ 36° 29′ 43.0″	昆仑伟业拉陵灶火铁矿	中型
	17	崩塌	93° 12′ 33.9″ 36° 35′ 48.8″	格尔木市拉陵高里河下游铁多金属矿	小型
	18	崩塌	92° 49′ 31.0″ 36° 46′ 23.8″	格尔木市那陵部郭勒河东铁矿	小型
	19	崩塌	93° 58′ 30.8″ 36° 12′ 16.8″	郭勒木德镇民众大灶西南山蛇纹岩及透闪石石矿	小型
	20	崩塌	91° 49′ 53.5″ 36° 54′ 58.3″	格尔木市群力铁矿1矿群	小型
	21	崩塌	94° 36′ 29″ 35° 57′ 13″	格尔木埃玛山川矿业公司九八沟石英岩矿	小型
	22	崩塌	94° 48′ 56.7″ 36° 9′ 57.3″	青藏铁路公司格尔木工务段南山口花岗岩矿	小型
	23	崩塌	94° 35′ 48″ 36° 18′ 41″	格尔木永信采石场低山头西花岗岩矿	小型
格尔木市	24	崩塌	94° 47′ 27.7″ 36° 13′ 44.0″	格尔木方卓建材化工公司南山口花岗岩矿	小型
	25	崩塌	94° 55′ 38.9″ 36° 8′ 51.6″	格尔木通济矿业有限责任公司道班沟石英岩矿	小型
	26	崩塌	94° 48′ 59.0″ 36° 13′ 10.0″	格尔木南山口Ⅳ号花岗岩矿	小型
	27	崩塌	95° 2′ 47.1″ 36° 17′ 26.2″	青海省格尔木市东效建筑用砂厂	小型
	28	崩塌	94° 24′ 42.3″ 36° 21′ 18.7″	河西农场十一连南花岗岩矿	小型
	29	崩塌	92° 51′ 55.5″ 36° 47′ 53.3″	格库铁路K197建筑用花岗岩矿	小型
	30	崩塌	92° 32′ 30.6″ 36° 45′ 24.8″	格库铁路K134+800建筑石料用花岗岩矿	小型
	31	崩塌	92° 32′ 21.0″ 36° 45′ 24.6″	格茫公路K134+800南建筑用花岗岩矿2#	小型

（续）

行政区	序号	灾害类型	位置	名称	灾害规模
	32	不稳定斜坡	94° 22′ 0.4″ 35° 53′ 17.4″	无极龙凤宫不稳定斜坡	小型
	33	不稳定斜坡	94° 34′ 1.2″ 35° 52′ 28.8″	纳赤台不稳定斜坡	小型
	34	地面塌陷	91° 46′ 2.4″ 37° 0′ 59.3″	格尔木庆华矿业有限责任公司肯德可克铁矿	小型
	35	滑坡	92° 49′ 38.5″ 36° 46′ 21.4″	青海省格尔木市那陵部郭勒河东铁矿	小型
	36	泥石流	95° 4′ 37.2″ 36° 14′ 57.7″	红柳沟泥石流	中型
	37	泥石流	94° 57′ 12.3″ 35° 43′ 34.9″	西藏大沟7#泥石流	小型
	38	泥石流	94° 22′ 21.4″ 35° 43′ 55.9″	西大滩1#泥石流	中型
格尔木市	39	泥石流	94° 18′ 30.3″ 35° 43′ 4.29″	西大滩3#泥石流	中型
	40	泥石流	94° 34′ 16.9″ 35° 52′ 27.5″	奈金河泥石流	中型
	41	泥石流	94° 20′ 26.8″ 35° 51′ 43.0″	小南川1#泥石流	中型
	42	泥石流	94° 20′ 22.3″ 35° 51′ 46.5″	小南川2#泥石流	中型
	43	泥石流	94° 33′ 43.1″ 35° 52′ 19.0″	纳赤台4#泥石流	小型
	44	泥石流	94° 38′ 8.4″ 35° 55′ 8.3″	菜园子沟2#泥石流	小型
	45	泥石流	94° 33′ 18.1″ 35° 52′ 47.8″	纳赤台10#泥石流	小型
	46	泥石流	95° 28′ 52.7″ 35° 46′ 16.5″	秀沟19#泥石流	小型
	47	泥石流	95° 36′ 44.3″ 35° 41′ 49.4″	秀沟25#泥石流	小型

（续）

行政区	序号	灾害类型	位置	名称	灾害规模
格尔木市	48	泥石流	92° 50′ 34.0″ 36° 8′ 48.1″	野牛沟86#泥石流	小型
	49	泥石流	91° 53′ 53.0″ 36° 9′ 34.8″	洪水河16#泥石流	小型
	50	泥石流	94° 29′ 52.5″ 35° 44′ 40.7″	东大滩14#泥石流	小型
德令哈市	1	泥石流	96° 41′ 3″ 37° 21′ 33″	怀头他拉泥石流	小型
	2	崩塌	97° 27′ 33″ 37° 22′ 41″	老315线南侧崩塌	小型
	3	崩塌		德令哈市怀头他拉水库引水枢纽崩塌	小型
	4	崩塌	97° 21′ 30″ 37° 23′ 4″	德令哈市巴音河二级水电站崩塌	中型
茫崖市	1	泥石流	90° 53′ 26.1″ 38° 16′ 9.96″	茫崖市北山垃圾场	大型
	2	泥石流	93° 54′ 52″ 38° 40′ 6″	野骆驼泉金矿泥石流	小型
	3	泥石流	94° 15′ 21″ 38° 20′ 58″	无名沟23号	大型
乌兰县	1	泥石流	98° 13′ 59.5″ 37° 0′ 30.9″	柯柯镇新村泥石流	中型
	2	泥石流	98° 23′ 22.4″ 37° 1′ 21.4″	柯柯镇阿汗达勒寺泥石流	中型
	3	泥石流	98° 23′ 4″ 36° 59′ 14″	黄河水电光伏园区泥石流	小型
	4	泥石流	98° 24′ 16.4″ 36° 58′ 24.1″	尚德光伏园北侧泥石流	小型
	5	泥石流	98° 21′ 27.4″ 36° 58′ 30.6″	柯柯镇圆山村3社泥石流	中型
	6	泥石流	98° 25′ 8″ 36° 58′ 5″	铜普镇二期光伏园区南侧泥石流	中型

（续）

行政区	序号	灾害类型	位置	名称	灾害规模
	7	不稳定斜坡	98° 24′ 51.2″ 36° 46′ 14.5″	赛坝沟不稳定斜坡	中型
	8	泥石流	98° 21′ 2″ 37° 9′ 5″	肯尔艾合单河泥石流	中型
	9	泥石流	98° 22′ 25″ 37° 8′ 23″	尔呼日根沟泥石流	小型
	10	泥石流		尔呼日根沟南侧泥石流	小型
	11	泥石流	98° 22′ 18.1″ 37° 7′ 31.6″	哈尔哽图沟北侧无名沟泥石流	小型
	12	泥石流	98° 22′ 37″ 37° 3′ 59″	阿尔次托肯德沟泥石流	中型
	13	泥石流	98° 23′ 26″ 37° 0′ 19″	中光核光伏园区南侧无名沟泥石流	中型
	14	泥石流	98° 29′ 48.7″ 36° 49′ 20.1″	都兰寺南侧泥石流	中型
乌兰县	15	崩塌	98° 31′ 26.4″ 36° 49′ 51.3″	沃门德哈郭呼顺沟西侧崩塌	小型
	16	不稳定斜坡	98° 11′ 28.9″ 37° 1′ 43.8″	恒泰砂石料场沙流泉石料厂处不稳定斜坡	中型
	17	泥石流	99° 4′ 18.8″ 36° 45′ 18.2″	乌兰哈达郭勒河（苍吉河）泥石流	中型
	18	泥石流	99° 17′ 3.12″ 36° 45′ 58″	那仁村仁纳沟泥石流	中型
	19	泥石流	99° 1′ 47″ 36° 52′ 55″	其美格沟泥石流	中型
	20	泥石流	99° 5′ 37″ 36° 51′ 54″	伊和呼都格泥石流	中型
	21	泥石流	98° 46′ 40″ 37° 1′ 1″	都敖包水石流	小型
	22	泥石流	98° 33′ 32″ 37° 0′ 18″	尕占林沟泥石流	中型

（续）

行政区	序号	灾害类型	位置	名称	灾害规模
	23	泥石流	98° 37′ 11.3″ 37° 0′ 41.3″	塔彦河水石流	中型
	24	泥石流	98° 40′ 32″ 37° 0′ 26″	哈尔哈图沟水石流	小型
	25	泥石流	98° 47′ 36.9″ 36° 42′ 12.5″	乌兰布拉格泥石流	小型
	26	泥石流	98° 39′ 52″ 37° 1′ 54″	哈里哈图沟停车场北侧不稳定斜坡	中型
	27	泥石流	98° 32′ 30.9″ 37° 0′ 5.4″	铜普镇二期光伏电站中部泥石流	小型
	28	泥石流	98° 32′ 44.9″ 37° 0′ 11.2″	铜普镇二期光伏电站东侧泥石流	中型
	29	泥石流	98° 34′ 30.1″ 36° 59′ 44.7″	铜普镇河南村南侧泥石流	小型
	30	泥石流	98° 36′ 0.5″ 37° 0′ 18.9″	铜普镇河南村1号沟水石流	小型
乌兰县	31	泥石流	98° 36′ 56.9″ 37° 0′ 9.0″	铜普镇河南村2号沟水石流	小型
	32	泥石流		铜普镇7号沟水石流	小型
	33	泥石流		铜普镇8号沟水石流	中型
	34	泥石流		铜普镇9号沟水石流	中型
	35	泥石流	98° 43′ 58.4″ 37° 1′ 13.0″	哈里哈图森林公园东侧2号水石流	中型
	36	泥石流	98° 37′ 32″ 37° 0′ 32″	都兰寺东侧无名沟水石流	中型
	37	泥石流	98° 42′ 21.7″ 37° 5′ 59.7″	巴嘎阿斯霍特泥石流	小型
	38	泥石流	98° 41′ 26.8″ 37° 6′ 58.2″	托尧泥石流	小型
	39	泥石流		托尧2号泥石流	中型
	40	泥石流	98° 44′ 51.5″ 37° 3′ 18.5″	嘎其木登水石流	小型

（续）

行政区	序号	灾害类型	位置	名称	灾害规模
乌兰县	41	泥石流	98° 44′ 14.9″ 37° 2′ 46.7″	艾力期特水石流南侧无名沟水石流	小型
	42	泥石流	98° 43′ 30.3″ 37° 3′ 17.1″	艾力期特水石流	小型
	43	泥石流	98° 43′ 11.6″ 37° 3′ 43.3″	哈尔哈特水石流	小型
	44	泥石流	98° 42′ 57.2″ 37° 4′ 18.7″	格拉布音巴水石流	小型
	45	泥石流	98° 43′ 14.6″ 37° 4′ 58.4″	乌兰布拉格东侧无名沟水石流	小型
	46	泥石流	98° 38′ 52.4″ 36° 57′ 27.3″	铜普镇察汗河村三号沟水石流	小型
	47	泥石流	98° 40′ 34.0″ 36° 59′ 31.2″	铜普镇察汗河村六号沟水石流	小型
	48	泥石流	98° 40′ 17.1″ 36° 59′ 12.9″	铜普镇察汗河村五号沟水石流	中型
	49	崩塌	98° 51′ 42.4″ 36° 59′ 42.6″	苏玛哈尔陶勒盖崩塌	小型
	50	泥石流	98° 50′ 6.2″ 36° 59′ 24.4″	青海煤化厂西侧水石流	小型
	51	泥石流	98° 51′ 30.5″ 36° 58′ 39.4″	青海煤化厂东侧水石流	小型
都兰县	1	崩塌	97° 53′ 0.47″ 35° 58′ 36.7″	香日德香加乡全杰村水渠旁崩塌	小型
	2	崩塌	97° 53′ 33.6″ 35° 58′ 6.16″	香加乡红旗村崩塌	小型
	3	不稳定斜坡	97° 52′ 49.1″ 35° 58′ 40.84″	香加乡全杰村不稳定斜坡	小型
	4	不稳定斜坡	97° 54′ 46.12″ 35° 55′ 27.8″	红星村1#不稳定斜坡	小型
	5	不稳定斜坡	97° 55′ 13.44″ 35° 56′ 21.74″	香加乡立新村养殖场后不稳定斜坡	小型

（续）

行政区	序号	灾害类型	位置	名称	灾害规模
	6	不稳定斜坡	97°55′17.8″ 35°56′18.27″	香加乡立新村村口不稳定斜坡	小型
	7	不稳定斜坡	98°10′33.26″ 36°13′7.79″	扎么日村不稳定斜坡	小型
	8	不稳定斜坡	98°12′46.16″ 36°11′51.46″	龙马日寺大经堂不稳定斜坡	中型
	9	不稳定斜坡	97°52′16.51″ 36°1′20.26″	双庆矿业不稳定斜坡	中型
都兰县	10	泥石流	97°51′56.91″ 35°58′6.76″	察汗毛村1号泥石流	中型
	11	泥石流	97°51′55.49″ 35°57′20.79″	察汗毛村2号泥石流	中型
	12	泥石流	98°11′3.83″ 36°12′56.74″	扎么日村泥石流	中型
	13	泥石流	97°54′41.77″ 35°57′13.97″	香加乡团结村2号泥石流沟	中型
	14	泥石流	98°11′25.97″ 36°12′34.63″	赛什堂村泥石流	小型
	1	泥石流	99°2′27″ 37°3′18″	茶卡北山北侧沟3号泥石流	小型
	2	泥石流	99°3′21″ 37°2′9″	茶卡北山北侧沟4号泥石流	小型
	3	崩塌	99°30′12.72″ 37°36′20.11″	江河镇结盛陇阿沟1号崩塌	中型
天峻县	4	崩塌	99°21′35.51″ 37°26′31.3″	江河镇结盛陇阿沟2号崩塌	小型
	5	崩塌		江河镇结盛陇阿沟1号崩塌	小型
	6	崩塌		江河镇结盛陇阿沟2号崩塌	小型
	7	崩塌	99°22′8″ 37°35′51″	舟群寺崩塌	中型
	8	崩塌	99°1′41.47″ 37°36′40.31″	织合玛恰让玛沟左岸1号崩塌	小型

（续）

行政区	序号	灾害类型	位置	名称	灾害规模
	9	崩塌	99° 2′ 15.64″ 37° 36′ 29.53″	织合玛恰让玛沟左岸2号崩塌	中型
	10	崩塌	99° 2′ 34.93″ 37° 36′ 24.68″	织合玛恰让玛沟左岸3号崩塌	中型
	11	崩塌	98° 21′ 0″ 37° 21′ 39″	生格乡曲公玛河右岸1号崩塌	小型
	12	崩塌	98° 20′ 56″ 37° 21′ 26″	生格乡曲公玛河右岸2号崩塌	小型
	13	崩塌	98° 21′ 17″ 37° 21′ 32″	生格乡曲公玛阿右岸3号崩塌	小型
	14	崩塌	98° 21′ 23″ 37° 20′ 45″	生格乡曲公玛河右岸4号崩塌	小型
	15	崩塌	98° 11′ 32″ 37° 23′ 12″	生格乡曲公玛河右岸5号崩塌	小型
天峻县	16	崩塌	98° 12′ 22″ 37° 23′ 10″	生格乡马久尔沟口左侧崩塌	小型
	17	崩塌	98° 13′ 19″ 37° 22′ 59″	生格乡野马滩北侧坡脚崩塌	小型
	18	崩塌	98° 13′ 52″ 37° 22′ 59″	生格乡北侧坡脚1号崩塌	小型
	19	崩塌	98° 14′ 34″ 37° 22′ 54″	生格乡北侧坡脚2号崩塌	小型
	20	崩塌	98° 14′ 56″ 37° 22′ 48″	生格乡北侧坡脚3号崩塌	小型
	21	崩塌	98° 15′ 54″ 37° 22′ 53″	生格乡北侧坡脚4号崩塌	小型
	22	崩塌	98° 15′ 25″ 37° 22′ 19″	生格乡北侧坡脚5号崩塌	小型
	23	崩塌	98° 17′ 13″ 37° 22′ 33″	生格乡北侧坡脚6号崩塌	小型
	24	崩塌	98° 16′ 40″ 37° 21′ 23″	生格乡北侧坡脚7号崩塌	小型

(续)

行政区	序号	灾害类型	位置	名称	灾害规模
天峻县	25	崩塌	98° 18′ 53″ 37° 21′ 24″	生格乡北侧坡脚8号崩塌	小型
	26	崩塌	98° 20′ 59″ 37° 20′ 35″	生格乡北侧坡脚9号崩塌	小型
	27	崩塌	98° 39′ 23″ 37° 41′ 5″	阳康大桥东1千米崩塌	小型
	28	不稳定斜坡	99° 9′ 8.68″ 38° 7′ 36.61″	木里煤矿	特大型
大柴旦行委	1	地面塌陷	94° 53′ 55.6″ 38° 0′ 54.0″	青海省能源发展（集团）有限责任公司大柴旦行委鱼卡一井田	小型
	2	地面塌陷	95° 40′ 38.3″ 37° 36′ 28.0″	宽沟斜井地面塌陷	小型
	3	地面塌陷	95° 33′ 51.5″ 37° 19′ 3.0″	西部矿业股份有限公司锡铁山铅锌矿	小型
	4	泥石流	95° 33′ 12.7″ 37° 19′ 43.5″	锡铁山中间沟	大型
	5	泥石流	94° 36′ 58.2″ 38° 6′ 42.2″	嗷唠河	大型
	6	不稳定斜坡	95° 31′ 22″ 37° 47′ 2″	大头羊煤矿一矿	小型

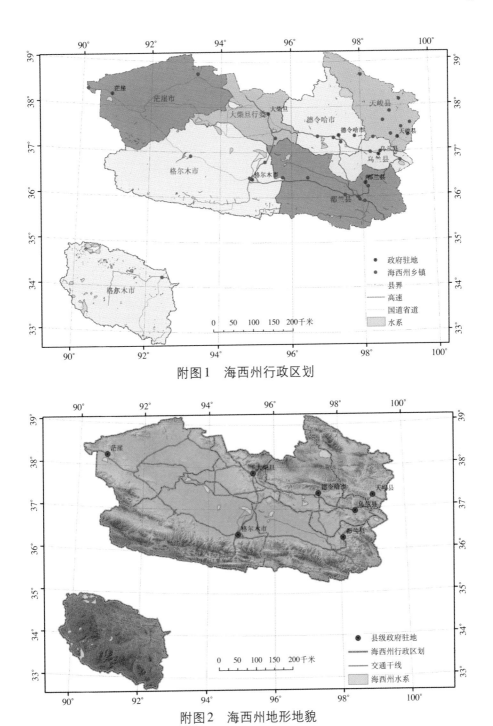

附图1　海西州行政区划

附图2　海西州地形地貌

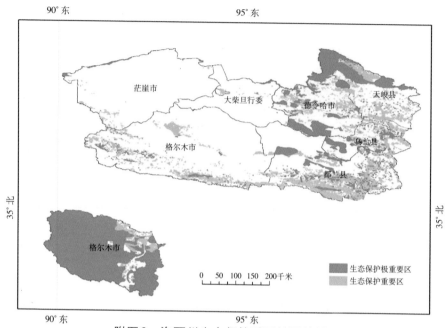

附图3 海西州生态保护重要性评价结果

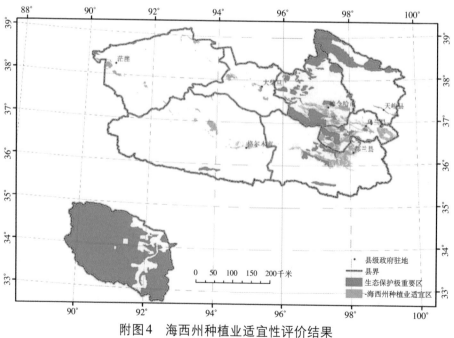

附图4 海西州种植业适宜性评价结果

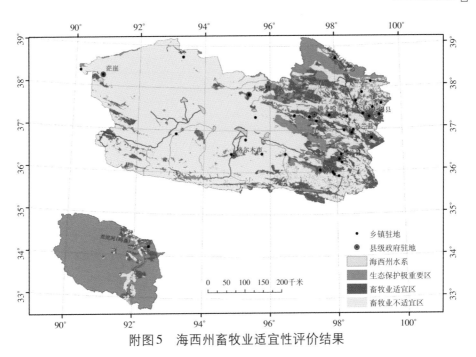

附图5　海西州畜牧业适宜性评价结果

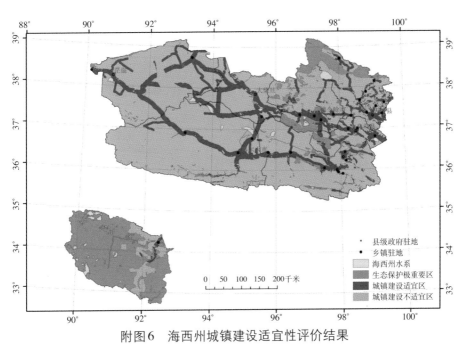

附图6　海西州城镇建设适宜性评价结果

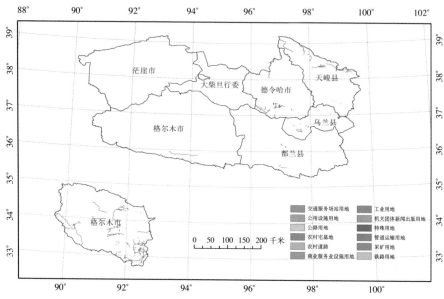

附图7　海西州生态保护极重要区开发利用地类分布

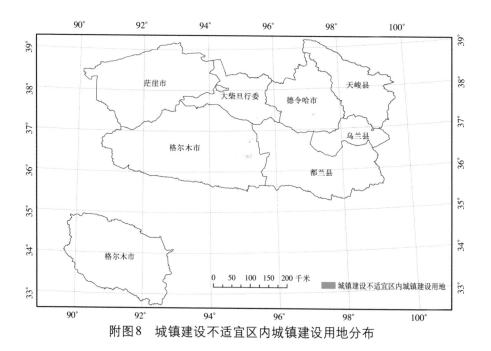

附图8　城镇建设不适宜区内城镇建设用地分布

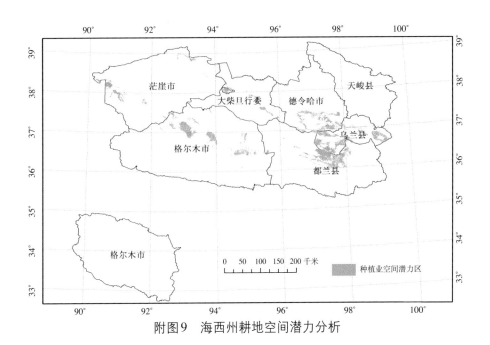

附图9　海西州耕地空间潜力分析

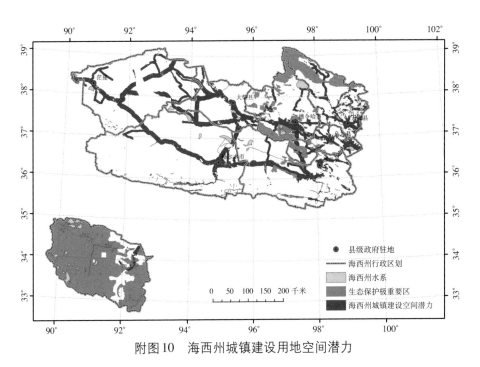

附图10　海西州城镇建设用地空间潜力

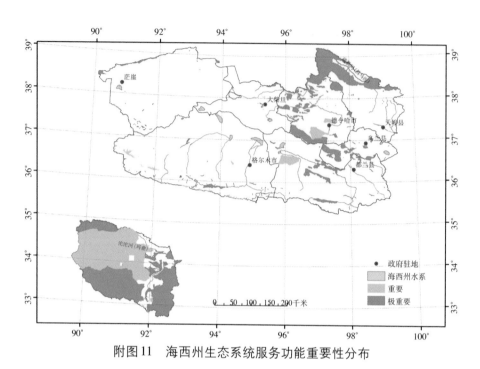

附图11　海西州生态系统服务功能重要性分布

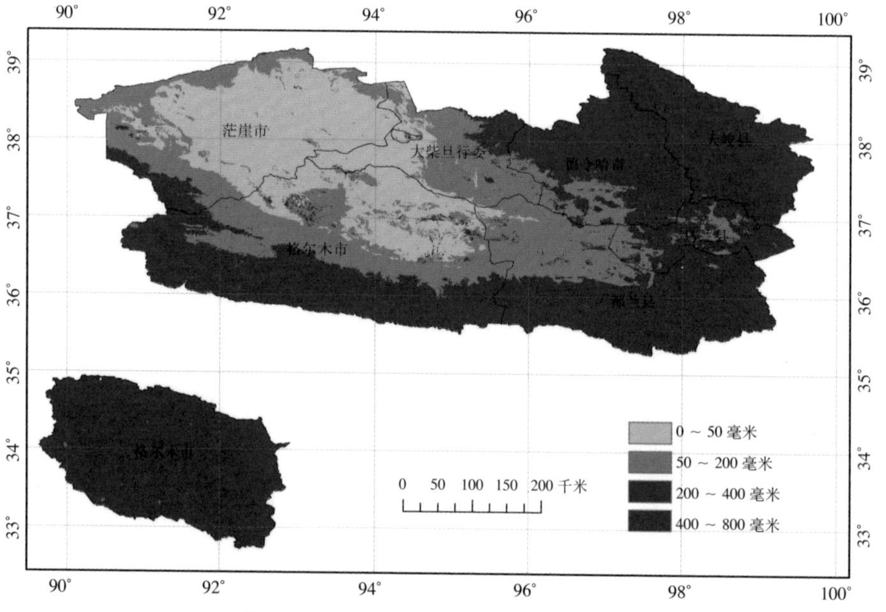

附图12　海西州多年平均降水量分布

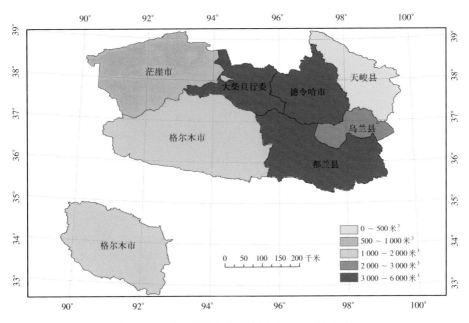

附图13　海西州人均可用水资源总量分布

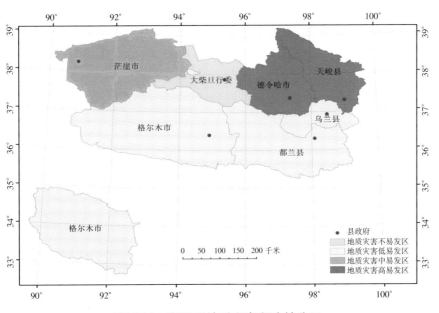

附图14　海西州地质灾害危险性分区